ÉTUDES AGRICOLES ET STATISTIQUES

SAINT-GEORGES-D'ORQUES

AUX XVIIe ET XVIIIe SIÈCLES

PAR

M. S. DELEUZE

MONTPELLIER
TYPOGR. GROLLIER ET FILS, IMPRIMEURS DE LA SOCIÉTÉ D'AGRICULTURE
Boulevard du Peyrou, 7 et 9

1881

SAINT-GEORGES-D'ORQUES

AUX XVIIe ET XVIIIe SIÈCLES

ÉTUDES AGRICOLES ET STATISTIQUES

SAINT-GEORGES-D'ORQUES

AUX XVIIe ET XVIIIe SIÈCLES

PAR

M. S. DELEUZE

MONTPELLIER

TYPOGR. GROLLIER ET FILS, IMPRIMEURS DE LA SOCIÉTÉ D'AGRICULTURE

Boulevard du Peyrou, 7 et 9

1881

ÉTUDES AGRICOLES ET STATISTIQUES.

SAINT-GEORGES-D'ORQUES

AUX XVIIe ET XVIIIe SIÈCLES ;

En compulsant les archives de la commune de Saint-Georges, nous avons cherché à découvrir quelque vestige du passé, des indications sur l'état de notre agriculture, des débris du vieux langage et des vieilles coutumes, et de vivre ainsi de la vie civile et agricole de nos pères. Mais, bien que nos ancêtres aient été très-soucieux de leurs titres, qu'ils tenaient dans une armoire à double clef, le fanatisme religieux et politique, l'ignorance ou l'incurie en ont fait perdre une notable partie. Plusieurs rouleaux de parchemins relatifs aux droits seigneuriaux ont été brûlés sur la place publique en 1793, après avoir échappé au pillage des protestants en 1622. Il ne reste que quelques vieux compoix, les délibérations de notre assemblée communale du XVIIIe siècle, les actes de l'état-civil, des pièces relatives à des procès, etc. Ces documents suffisent toutefois pour montrer la propriété telle qu'elle était à la fin du

XVIe siècle et dans les siècles suivants, et pour dresser les éléments d'une statistique agricole qui intéresse aussi Murviel sous beaucoup de rapports.

I. La population.

Saint-Georges-d'Orques (1), constamment écrit sans *s* final, St George (*universitas vile de Sto Georgio* (1305), *Ecclesia Sti Georgii de Orquis*, St Jeorge d'Orques (compoix), George (1793), est situé à l'ouest de Montpellier, à 89 mètres d'altitude, au pied d'un mamelon couvert d'oliviers et entouré naguère de riches vignobles qu'on essaie de restaurer. Il renfermait, en 1870, sans compter les étrangers, 970 habitants, 215 maisons et 190 ménages. La mortalité annuelle était de 30 personnes environ pour une période de dix ans.

En 1593, l'intérieur du village était entouré de murailles avec chemin de ronde. Il y avait très-probablement deux tours aux angles O. et N.-O., et trois portes principales, au N., au N.-O. et au S. ; cette dernière était la plus importante. A côté d'elle s'en trouvait une autre donnant accès dans l'intérieur. Presque en face, dans l'impasse actuelle, était *l'hôtel-de-ville* servant d'école. Des défenses ou barrières existaient autrefois du côté du N.-O., entre le chemin

(1) Ce nom de Dorques, Dourques, Dorcas vient probablement du latin *urceus* (vase) : lieu où l'on fabrique la poterie. A Saint-Georges et à Murviel il y a encore un ténement appelé *les Orques*, *les Dourques*; et dans certaines localités voisines ce mot signifie *cruche*.

de Murviel et de Mijoulan. Saint-Georges comptait alors 70 maisons, et ses barris ou faubourgs 75, dont 8 tombant en ruines, et 22 cazals. Ces maisons, surtout celles de l'intérieur, étaient très-étroites ; à part 4 ou 5 qui occupaient une superficie de 60 à 140 mètres carrés, les autres étaient de méchants réduits de 15 à 40 mètres carrés. Le compoix de 1633 signale bien quelques maisons nouvelles, mais il y a beaucoup plus de cazals, ce qui indique peu de prospérité. Les maisons des barris étaient plus grandes et offraient, pour la plupart, toutes les commodités qu'exige une propriété un peu importante : cour, écuries, cuves, jardin, etc.

Nous n'avons aucune donnée précise pour fixer exactement la population de Saint-Georges, de la fin du XVIe siècle à celle du XVIIIe. Elle s'est nécessairement élevée ou abaissée selon la prospérité ou la misère du temps. Toutefois, nous ne croyons pas nous écarter de la vérité en disant qu'elle a varié entre 400 et 560 habitants. En effet, au commencement du XVIIIe siècle, à une époque très-malheureuse, on comptait 80 feux, et 110 familles en 1755 et en 1791; 568 habitants en 1825. Si l'on compare ces premiers chiffres à ceux de 1870, on a plus de 400 âmes pour la première période, et 560 pour la seconde.

Quant aux actes de l'état-civil, ils ne datent que de 1654 et présentent de nombreuses lacunes. Nous y trouvons, pour les dix premières années, une moyenne annuelle de 6,2 décès, 6,6 baptêmes ; et pour les neuf suivantes, 14,2 décès, 13,3 baptêmes. Cette différence si brusque ne peut s'expliquer que par la misère affreuse de cette époque et la famine de 1662, qui ont dû forcer les pauvres à l'émigration ; car l'année 1662 accuse 8 décès et l'année suivante 3 seulement. La période de 1696 à 1705, très-malheureuse aussi, nous donne une moyenne annuelle de 9,9 décès ; 1709, si tristement célèbre, 6, et l'année suivante 13. Il faut observer que les protestants, qui d'ailleurs étaient peu nombreux, ne sont pas comptés sur les registres de la commune, tandis qu'on y voit figurer des personnes de Courpouiran.

Malgré les nombreuses causes d'insalubrité, les famines et les malheurs de toute espèce, les cas de grande longévité n'étaient pas une rare exception, mais assez fréquents. Ainsi, dans l'espace de 40 ans, de 1661 à 1704, avec des lacunes de 5 à 6 ans, on compte 3 centenaires (femmes), 1 personne de 99 ans, 4 de 90 à 95 et 22 de 80 à 89 ; et cette extrême vieillesse n'était pas le partage des plus aisés. Dans ce siècle, c'est à peine si l'on peut citer un cas de 98 ans.

La période de 1670 à 1692 paraît être une de celles où la population a été la plus importante, et par suite très-prospère. Auparavant il n'y avait qu'un curé et quelquefois un clerc, tandis qu'alors il y avait un curé et un vicaire, et souvent un clerc ou un sous-diacre. Il y avait aussi un maréchal, un cordonnier, un hoste ou aubergiste, un mangonier ou épicier, un chirurgien.

Cette population, réunie aux 20 ou 30 propriétaires

forains que comptait la commune, occupait un terrain de près de 930 hectares. Nous n'avons pu fixer d'une manière très-exacte ses limites du côté du Nord. Il est probable qu'elles s'étendaient plus loin qu'aujourd'hui. Au Sud-Est, Saint-Georges renfermait quelques hectares de moins, mais il empiétait sur le terrain actuel de Juvignac, près le ruisseau de la Fosse. Beaucoup de ses habitants possédaient encore des terres dans les communes de Juvignac, Lavérune, Pignan et Murviel. Murviel, au contraire, dont le territoire était et est encore plus étendu (1009 hectares), ne renfermait que 70 maisons ou cazals et 122 propriétaires, dont la moitié étaient étrangers. La mortalité de 1665 à 1671 y est de 10 pour une moyenne annuelle de sept ans, et de 9,3 de 1678 à 1687. Elle est aujourd'hui de 10 pour une population de 462 habitants.

II. Le territoire.

Au point de vue géologique, Murviel et la partie Nord-Ouest de Saint-Georges, à part quelques marnes supraliasiques schisteuses, appartiennent au terrain jurassique. Le reste de Saint-Georges est composé de pouddingues calcaires, de dépôts caillouteux, de calcaires moellons et de marnes bleues. La silice et l'oxyde de fer accusent leur présence dans la majeure partie du sol des deux communes. N'est-ce pas à la quantité de ces deux éléments, et surtout à la profondeur du sous-sol, qu'il faut attribuer l'arôme des vins de Saint-Georges? Il se trouve, en effet, mais moins prononcé, dans les terrains jurassiques peu profonds de l'Ouest et du Nord de Saint-Georges, ainsi que dans ceux de Murviel contigus à ces derniers, tandis qu'il n'existe pas dans les autres.

De cette constitution géologique il résulte que l'agriculture ne dispose, en majeure partie, que de terres maigres et peu propres à d'autres cultures que celle de la vigne : ce qui faisait dire à nos ancêtres que ces deux communes étaient les plus pauvres du diocèse. En effet, sur 415 hectares environ de terres cultivées, Saint-Georges en avait près de 40 classées comme très-bonnes, 240 de bonnes et assez bonnes, et 135 de médiocres ou mauvaises. Les autres livrées aujourd'hui à la culture étaient, en très-grande partie, au nombre des médiocres et des mauvaises. Murviel était moins bien partagé encore : à peine y trouvait-on 15 hectares de la première catégorie et 40 de la deuxième ; le reste, pour la même étendue, était médiocre ou mauvais. Les défoncements profonds ont beaucoup modifié de nos jours cet état de choses.

Étudions maintenant nos anciens compoix de 1593 et 1633, le premier surtout ; car ce sont là des titres de noblesse.

Si l'on tire une ligne de l'Est à l'Ouest, à 800 mètres au Nord du village, on aura, d'une manière approximative, la délimitation agricole de la commune. La partie Nord était presque exclusivement composée de pâtus communaux réservés au pâturage et au lignerage, et de devoix de quelques particuliers. C'est la moins fertile ou, pour mieux dire, la plus aride ; elle constitue un massif de monticules rocailleux, quelquefois abruptes, et couverts seulement de chênes kermès. L'autre partie, moins étendue, à part une trentaine d'hectares de petits devoix, de pâtus et de terres incultes, était occupée par les céréales, la vigne, l'olivier, etc. Le mûrier n'est pas mentionné dans les compoix et n'a jamais été ici l'objet d'une grande culture. Cependant, vers 1640, il existait *une allée de mûriers* à la métairie de Carescausses. Pas de traces non plus de l'amandier et autres arbres à fruit, excepté de quelques châtaigniers et cerisiers. Il est pourtant très-probable que ces derniers étaient plus nombreux, et certain qu'il en existait beaucoup d'autres associés aux diverses cultures. Il en est de même à Murviel. En revanche nous trouvons, à la fin du XVIe siècle, des essais de culture du chanvre et du safran, mais sur une très-petite échelle.

Les prairies étaient rares à l'époque de ces compoix : près d'un hectare pour Saint-Georges, un et demi pour Murviel ; mais les jardins et *ferrages* étaient nombreux, dispersés autour du village ou à Fontardiès, où l'eau est plus abondante ; leur superficie atteignait près de trois hectares. Murviel était mieux situé sous ce rapport ; on n'avait pas besoin de creuser beaucoup de puits : l'eau de la fontaine Romaine forme, en effet, un petit ruisseau, et sur près de 500 mètres, la plupart des terres qui l'avoisinent étaient, comme à Fontardiès, des ferrages, des canebières, des jardins ou des prairies.

Quant aux bois et rouvières, s'ils occupaient une

très-grande étendue à Murviel (105 hectares), ils étaient excessivement restreints à Saint-Georges : à peine trouve-t-on, dans cette dernière commune, un ou deux petits bosquets et quelques *rouvièrèdes* disséminées en petits lopins près du village et formant près de deux hectares. Cependant, à une époque plus ou moins éloignée, les forêts étaient certainement très-considérables dans les deux villages : la dénomination de *Rouviores* ou Rouvières, appliquée à un quartier assez étendu au Nord-Ouest de Saint-Georges, ainsi qu'à Murviel, le prouve suffisamment. Par conséquent, les loups devaient être très-nombreux, à Murviel surtout, puisqu'on avait donné le nom de *pare-loup* à un ténement situé à côté du village. De nos jours même, dans certains hivers, ils ont établi leur domicile dans les bois voisins. Saint-Georges se ressentait naturellement du voisinage de ces hôtes ; car un article du règlement des gardes du gros bétail porte qu'ils devront le garantir des loups. Le sanglier n'a disparu de nos bois que depuis un siècle environ.

III. Les bêtes a laine et les dépaissances.

Par suite de la stérilité du sol, Saint-Georges a toujours attaché, comme Murviel, une très-grande importance aux troupeaux de bêtes à laine. Au commencement du XIVe siècle (1305), il achetait aux frères Agdemar, de Montarnaud, pour 40 livres melgoriennes (1), l'usage annuel de 30 sétiers d'orge,

(1) La livre melgorienne valait alors environ 17 fr. 80 c., le sou

et 30 deniers melgoriens, un immense devoix appelé *Tamayrau*, qui s'étendait des hauteurs Nord des Quatre-Pilas jusques près de Saint-Paul et de Montarnaud et au pont de Vaillauquez.

Au XVIIe siècle, le terrain exclusivement réservé au pâturage ne comprenait pas seulement plus de la moitié du territoire, soit près de 500 hectares, dont une partie (Pioch-Rouquier, etc.) avait été achetée à l'abbesse du Vignogoul, au prix d'une censive annuelle de 10 sétiers orge ; mais il englobait encore, dans la commune de Murviel, les trois piochs désignés sous le nom de *Pui-Cauvel* ou *Pioch-Ploumat*, *Pioch-Filloulié* ou *Rastincle*, et *Pioch-Beau-Crus* ou terre mégère, contigus au ruisseau de La Cédérous (lavat de la Galiberte ou des Jangles, et des Quatre-Pilas). Ces dernières dépaissances s'étendaient sur une longueur de près de trois kilomètres, et contenaient près de 214 cartayrades (1) ou 64 hectares. On les

0,89 c., le denier un peu plus de 0,07 c. Le prix d'achat équivaut donc à 712 fr. de notre monnaie, valeur intrinsèque. Il faudrait quadrupler ou quintupler cette somme pour représenter la valeur commerciale de l'argent à notre époque. Une subdivision du denier ordinaire, comme monnaie de compte, était la maille et la pitre. La maille, autrefois monnaie de billon la plus petite, valait, aux XVIIe et XVIIIe siècles, la moitié du denier, et la pitre la moitié de la maille.

(1) La cartayrade dont il est ici question renfermait 4 cartons et 150 dextres; le dextre de 18 pans, ou 19 mètres 98 cent., soit 20 mètres carrés. La cartayrade valait donc, en hectares, 2997, ou en compte rond 3,000 mètres carrés. Il y avait une autre espèce de cartayrade de 75 dextres. Les maisons se mesurent souvent, dans nos compoix, par canne de 8 pans ; le pan de $0^{m},24834$. Il faut cinq cannes pour un dextre. Dans les transactions ordinaires, on comptait souvent par sé-

tenait de l'Évêque de Maguelone, depuis 1479, moyennant une censive annuelle de deux livres cinq sous et un demi-marc d'argent à chaque changement d'Évêque (1). L'Évêque se réservait, en outre, le droit de vendre de nouvelles terres qui pourraient se défricher, sans nuire toutefois au droit de pâturage.

Comme Juvignac et Saint-Georges ne formaient autrefois qu'une seule commune, celle-ci, lors de la séparation (xve siècle), se réserva le droit de dépaissance sur son ancien territoire, pour tous les habitants domiciliés ou forains. En 1530, le seigneur de Juvignac, Guigou Servelle, voulut s'y opposer; mais la crainte d'engager un procès le força de reconnaître ce droit par une transaction. Une partie du devoix de

terée de 75 dextres ou 15 ares, et cet usage est encore en vigueur. — Dans les actes de vente il est souvent question d'*éminades*, ou moitié de la petite séterée, soit 750 mètres carrés. — La quarterée représente ordinairement la cartayrade. J'ai trouvé aussi des contenances de 2 cartons ou 15 ares, désignées pour deux séterées; aussi est-il bon, pour la plupart des actes anciens, d'avoir le plan des terres. Il est également question, dans certains actes du xviie siècle, de journées de fossoier pour indiquer la contenance, ainsi que de *cartellades*, probablement le quart de la demi-séterée, ou 190 mètres carrés.

(1) La valeur du demi-marc d'argent est portée sur un reçu de l'Évêché, en 1530, à 6 livres 10 sols tournois, et à 14 livres 5 sols en 1680. Voici, du reste, sa valeur aux diverses époques :

De 1641 à 1678, de 26 liv. 10 s.
De 1679 à 1689, de 29 liv. 6 s. 11 d.
De 1690 à 1714, de 30 liv. 10 s. 11 d.
De 1714 à 1772, de 34 liv. 18 s. 3 d.
De 1773 à 1794, de 53 liv. 9 s. 3 d.
De 1803 à 1834, de 53 fr. 57 c.
De 1835 à 1845, de 53 fr. 84 c.

Mijoulan (devoix des mules) était réservée pendant la moitié de l'année au gros bétail, et le reste du temps aux bêtes à laine ; mais, d'un autre côté, divers seigneurs, entr'autres ceux de Caunelles et de Carescausses, avaient le droit de dépaissance pour 500 bêtes dans tout le territoire et pendant toute l'année.

Ce droit, ainsi que les règlements divers sur cette matière, furent non-seulement un obstacle au développement des cultures, mais encore la source de procès nombreux et interminables, soit avec les habitants de Saint-Georges et des communes voisines, soit avec les seigneurs de Caunelles, de la Mosson, de la Tour et de Carescausses. Ils durèrent presque sans interruption de 1454, et probablement avant, puisqu'alors apparaissent les règlements au sujet du Mijoulan, jusqu'en 1790. Nos ancêtres étaient très-formalistes ; ils aimaient singulièrement à plaider, et si la justice locale leur était défavorable, ils en appelaient à une juridiction supérieure. Les procès étaient ruineux ; mais les plaideurs ont toujours été ainsi faits : ils préfèrent se ruiner et avoir raison de par la loi. On avait, du reste, une bonne raison pour excuse : il s'agissait de sauvegarder et faire respecter ses droits pour l'avenir.

Pendant l'été, on était obligé d'envoyer à la montagne toutes les bêtes à laine, excepté celles qui étaient trop faibles ou malades.

En cas de maladie contagieuse, on fixait un cantonnement au troupeau atteint.

Le nombre des bêtes à laine a donc dû être toujours très-considérable, car depuis le commencement du

XVIIe siècle (1605) jusqu'à la fin du XVIIIe, les plaintes et les règlements à ce sujet ont été presque continuels. Nous ne croyons pas nous écarter de la vérité en en comptant de 3 à 4,000 au XVIIe siècle. Il y avait alors quinze bergeries dans le village et plusieurs autres au dehors.

Au milieu du XVIIIe siècle, trois propriétaires forains possédaient à eux seuls 1500 bêtes, et le nombre des animaux augmentait tous les jours. Il y en avait trois fois plus que ne comportait le règlement. On fixa donc 1 bête 1/2 par livre de compoix ; on arriva ensuite à 6, ce qui faisait 2,110 à 2,120. On fut même obligé de défendre les défrichements dans les communaux, après les avoir encouragés précédemment. En 1793, on concéda 1 bête pour 45 ares ; mais alors les troupeaux diminuaient de jour en jour ; l'on ne compte plus aujourd'hui que 500 ou 600 têtes.

De cette dernière époque date aussi l'envahissement en grand des terrains communaux. En 1809, on avait cru devoir régulariser la situation de ceux qui les avaient défrichés. Il y avait plus de 100 propriétaires auxquels on céda ces terres moyennant une redevance annuelle que plusieurs ont rachetée. Actuellement, leur nombre est de 139 ; ils paient, outre l'impôt, une somme de 573 fr. 57 c. Le prix auquel ces redevances furent alors fixées varie, suivant la qualité du sol, de 2 fr., 2 fr. 50 c. à 6 fr. l'hectare.

Depuis, d'autres terrains ont été vendus par la Commune. En 1813, un lot d'environ 13 hectares, affermé 160 fr. l'année, a été adjugé à 2,125 fr. On se réservait dans ces cessions le droit de lignerage pour les habitants. Un autre lot plus étendu, dont nous n'avons pu trouver la vente, était affermé, en 1803 et 1806, 255 et 290 fr.

Des 300 hectares environ dont se sont enrichis les particuliers, une partie est livrée à la culture, l'autre reste à l'état de garrigue pour les dépaissances; on peut les estimer de nos jours à un peu plus de 100 hectares.

A Murviel, les propriétaires soumis aux redevances sont au nombre de 84, payant un total de 212 fr. 75 c.

Les chèvres étaient aussi très-nombreuses; et comme, malgré les règlements, on faisait paître les troupeaux dans les terres des particuliers après l'enlèvement des récoltes, elles faisaient aux arbres fruitiers et aux vignes de grands dégâts. Enfin, après de longs procès et de vives plaintes, l'Intendant finit par les interdire absolument le 10 janvier 1727. Cette proscription de la race caprine n'est pas, du reste, un fait isolé : presque partout, au XVIe et au XVIIe siècles, le propriétaire qui trouvait des chèvres dans des terres où étaient des arbres à fruit pouvait les tuer. De nos jours il y en a plus de 50.

IV. Le gros bétail; la boucherie.

Le gros bétail ou bétail *rossatin*, comme on l'appelait, c'est-à-dire, les chevaux, mules, mulets, bourriques, comprenait près de 100 têtes au milieu du XVIIe siècle. Les chevaux n'en formaient que la plus faible partie. Leur nombre a plus que doublé actuellement. Une partie des pâtus du Mijoulan (devois des mules) leur était exclusivement réservée du commencement de mai au 1er novembre. Trois hommes étaient chargés de les garder pendant la nuit. « Ils doivent, dit le règlement, les rassembler à heure convenable au son du cor ou du tambour, les garantir, sous leur responsabilité, de tout dommage, et de celui des loups ; comme aussi ils sont responsables des dégâts qui se font par leur faute aux propriétés des particuliers. » Il leur était alloué, par animal, au commencement du XVIIIe siècle, 3 livres 5 sols, ou 3 cartes mescle (moitié blé, moitié seigle) au choix du propriétaire ; pour les bourriques, moitié prix. En 1733, on leur donnait 3 livres 15 sols. Les gardiens exigeaient que chaque bête portât une sonnette pendue au cou (1).

Outre les gardiens du gros bétail, il y avait aussi un garde-terres annuel, ou bannier, et des gardes-fruits pour l'époque des vendanges, tous responsables des dégâts. On donnait aux premiers, à la fin du XVIIe siècle et au commencement du XVIIIe, 105, ensuite 135 livres, et 400 en 1790 ; les cinq gardes-fruits avaient 60 et 100 livres, et 150 en 1790. Un règlement de 1677 fixe ainsi les dommages faits aux propriétés : par le gros bétail 3 sols, les porcs 2 sols, les bêtes à laine 3 deniers, les chèvres 1 sol, les

(1) Cet usage existait autrefois dans la plupart des villages. L'endroit où chaque propriétaire séparait son bétail de celui des autres s'appelait *triatorium*. De là, probablement, le nom de *Triane* donné à une rue de Murviel, et de *Triadou* à un hameau des Matelles.

hommes qui coupent du bois, 5 sols ; on allouait 3 livres pour vacations et papier à celui qui était chargé d'écrire les bans ou amendes.

Nous avons peu de données pour fixer la valeur du gros bétail. Toutefois, de 1706 à 1715, les mules harnachées, réquisitionnées pour l'armée, se payaient : 53, 90, 100, 120, 140 livres, et 106 en 1744. En 1806, un cheval de 3 ans vaut 396 livres ; il est revendu en 1809, 432.

Quant au prix des bêtes à laine et des toisons, il nous est impossible de le fixer, tandis qu'au contraire, les données abondent pour la valeur de la viande de boucherie au XVIIIe siècle. L'industrie de la boucherie n'était pas libre. Elle était tous les ans mise aux enchères. Le boucher était tenu de vendre, au prix fixé, de la bonne viande pendant toute l'année, et pendant le carême, aux malades seulement. Les viandes réglementaires étaient le mouton et la brebis, le bœuf et la vache ; et comme on vendait souvent de la vache pour du bœuf et de la brebis pour du mouton ainsi que des chèvres, on finit par n'autoriser que le mouton et le bœuf. (Toute brebis trouvée dans le troupeau du boucher devait être confisquée.) Et encore nos consuls ne voulaient-ils pas du bœuf pour les malades ; car, disaient-ils, il ne produit pas d'assez bon bouillon. Le boucher était tenu aussi d'égorger les animaux trois heures avant d'en faire le débit, et là seulement où la vente devait avoir lieu, c'est-à-dire au rez-de-chaussée, pour éviter qu'elle ne fût livrée aux contrebandiers. Il était donc surveillé par la police, ce qui ne l'empêchait pas de rester plusieurs semaines sans tuer une bête, ou de vendre de la viande d'animaux morts de maladie. Dans ces cas, il subissait une amende de 5 à 10 livres et remboursait le prix qu'il avait retiré de ces viandes malsaines. L'adage vulgaire, « endetté comme un boucher, » ne date pas de nos jours ; car, pour une population deux fois plus forte, nous jouissons de trois et quelquefois quatre boucheries, qui ont tué, dans certaines années, de 1700 à 2,000 bêtes à laine, 10 bœufs ou vaches, 10 veaux, quelques chevreaux et près de 80 porcs.

Le prix de la viande n'a pas beaucoup varié pendant les trois quarts du XVIIIe siècle. Il est probable qu'il était le même au XVIIe en tenant compte de la valeur de l'argent. Ainsi, en 1705, le mouton et le bœuf valaient 3 sols, et la brebis et la vache 2 sols. En 1709, les premiers, 3 sols 2 deniers ; les autres, 2 sols 2 deniers. Pendant les 15 années suivantes le prix s'est élevé de quelques deniers. En 1714 il a atteint 4 sols 6 deniers et s'est maintenu de 3 à 4 sols jusqu'en 1771. Il a varié ensuite de 4 à 5 sols jusqu'en 1789, pour s'élever rapidement à 7 sols 6 deniers.

Lorsque le prix des bestiaux augmentait, comme en 1714, et que l'absence des concurrents pour la boucherie tendait à faire monter le prix de la viande trop haut, on chargeait les consuls d'acheter des bestiaux aux foires et de faire tenir la boucherie à leurs frais.

De nos jours, à part quelques années privilégiées où la viande de boucherie est descendue à 20 et 25 cent. le demi kilogramme, elle s'est constamment maintenue entre 75 c. et 1 fr., c'est-à-dire cinq et dix fois plus cher qu'autrefois.

V. Les céréales.

Sur 415 hectares environ que contenait, à la fin du XVIe siècle, le terrain livré à l'agriculture, 250 hectares étaient consacrés aux céréales; Murviel en avait 300. Il en était du reste à peu près ainsi partout : les conditions économiques et sociales forçaient le propriétaire à les cultiver dans les terres et le climat qui leur sont le moins favorables. Ici, comme à Murviel, elles étaient réparties sur les meilleurs terrains et sur les plus pauvres. Il est probable qu'une partie de ces terrains était réservée aux légumes, tels que fèves, lentilles, pois, etc., pour les besoins du ménage. Le revenu devait en être bien faible ; en effet, si nous le comparons à celui de nos jours, et c'est le seul moyen que nous ayons de l'apprécier, que trouverons-nous? Le blé n'a guère produit pendant ces dernières années que 4 à 5 fois la semence en moyenne, c'est-à-dire de 9 à 11 hectolitres à l'hectare. Sans doute il est des terres privilégiées, mais elles sont rares ; tandis que d'autres ont à peine produit une et deux fois la semence. De plus, la culture s'est améliorée ; les défoncements ne sont pas aussi superficiels; les engrais sont plus abondants; le système des jachères est abandonné; nous ne voyons pas autant de haies envahir les champs, et l'olivier a été relégué dans les terres les moins bonnes. Aussi croyons-nous être au delà plutôt qu'en deçà de la vérité en ne fixant le chiffre de la production des céréales que de 7 à 9 hectolitres à l'hectare ; des statistiques ne fixent les moyennes de la production au XVIIIe siècle qu'à 6 h. 08.

Autrefois on semait beaucoup plus épais qu'aujourd'hui, 333 litres environ à l'hectare, et après une culture de six rayes croisées.

Nous ne devons donc pas nous étonner des plaintes continuelles de nos pères. Le blé n'était considéré que comme servant à la consommation et au payement de l'impôt. Et encore que de mécomptes ! c'est à peine si nous trouvons dans ce siècle quelques années consécutives de récoltes passables.

En 1792, sur 110 familles, deux ou trois avaient leur provision de blé pour l'année ; cinq à six pour six mois, d'autres pour trois mois, et la bonne moitié pas du tout.

Le prix des céréales était le même qu'à Montpellier et aux environs, nous nous contenterons d'indiquer quelques prix extrêmes : ainsi au XVIe et au XVIIe siècles, le sétier (1) de blé varie de 2 liv. 10 sols à 15 liv.

(1) Le sétier valait alors comme aujourd'hui, sans fractions, 50 litres. Au XIIIe et au XVe siècles, il valait seulement de 42 à 45 litres.

Il en fallait 12 pour le muid. L'émine ou éminade était la moitié du sétier ou 25 litres, et la quarte la moitié de l'émine (12 litres 50). Je trouve encore en usage ici, au XVIIIe siècle, d'autres subdivisions du sétier : ainsi un droit de censive porte, en 1751, 4 livres 15 sols, à raison de une émine, une douzaine blé mitaden, une quarte et une douzaine et demie orge. Il y a aussi la sezaine et la pugnière ; celle-ci devait être l'équivalent de l'émine, et les autres, le douzième, etc., du sétier. La 4me partie de la quarte formait le boisseau.

En 1709, il est fixé ici à 15 livres, le pain à 4 sols la livre. Le blé pour semence que fait venir l'intendant du Languedoc se paie 7 livres le quintal. En 1720, le blé vaut 11 livres et le seigle 8. L'orge varie aussi, au XVIIIe siècle, de 2 livres 10 sols à 5 livres. La moyenne paraît être de 3 livres, car la censive de 10 sétiers à l'abbesse du Vignogoul se paie toujours à ce prix, qu'il y ait hausse ou baisse. Malgré les disettes fréquentes, le prix moyen du blé, d'après Forbonnais, n'arrivait pas à 12 livres le sétier de Paris de 1 hectolitre 56, pendant le XVIIe siècle.

Le glanage pour les céréales comme pour les autres produits était non-seulement autorisé, mais on punissait les propriétaires qui s'y opposaient. Il était même défendu de faire entrer les troupeaux dans son propre fonds avant les trois jours qui suivent les vendanges, afin que les grapilleurs pussent user de leurs droits.

VI. L'OLIVIER.

L'olivier occupait une surface de 50 hectares sur le plateau où était la vigne, ainsi que sur les collines de l'Ouest et du Nord du village, où nous le trouvons encore en assez grand nombre et très-vigoureux ; il était cultivé seul ou avec les céréales, et plus tard même avec la vigne. Le produit, d'après ce que nous pouvons en juger de nos jours, était peu considérable. L'olivier, en effet, ne donne une récolte passable qu'au bout d'un certain temps, et encore ce n'est guère que tous les deux ans. S'il survient une grêle ou un hiver rigoureux, c'est une perte de trois ou quatre ans, quelquefois plus. Il exige du reste des soins et des engrais. Dans les cas où ils étaient tués par la gelée, comme en 1709 et 1729, on les coupait au pied ou au branchage, et si l'on perdait la récolte pendant quelques années, l'arbre était sauvé.

Les oliviers eurent à subir une rude épreuve en 1752 et 1753. Leurs racines, dit-on, sont attaquées par un vers qui les *tue ou dessèche la plus grande partie des branches, en sorte qu'ils semblent morts, tant ils sont secs et chargés de peu de fruits.* C'est le seul renseignement que nous ayons sur cette maladie, qui, du reste, ne paraît pas s'être prolongée. Les oliviers en plein rapport, c'est-à-dire de 15 à 20 ans, ne donnent guère que 200 à 300 litres d'huile à l'hectare, année moyenne, sauf à tenir compte des accidents graves qui peuvent survenir. Voici du reste des chiffres aussi rapprochés de la vérité que possible :

Pendant six années, entre 1825 et 1835, époque où la commune comptait environ 43 hectares d'oliviers, le même moulin a fait 882 presses, et la presse rend ordinairement 40 litres, ce qui fait en moyenne 5,880 litres, sans compter l'huile des enfers. La production ordinaire ne devait donc pas dépasser beaucoup 200 litres à l'hectare, soit pour l'ensemble de la commune 90 à 100 hectolitres, surtout lorsqu'on considère la fréquence des accidents météorologiques et les espèces peu productives, telles que la pigale, l'amellau, etc., que plantaient les anciens.

Nous n'avons pu nous fixer sur le prix de l'huile

avant le milieu du XVIIIe siècle. Il devait être à peu près le même que dans les environs, la qualité ne variant pas d'une manière très-sensible d'une localité à l'autre. Or, à Béziers, de 1583 à 1586 il est de 20, 25, 27, 33 livres la charge (1) rach de moulin, et en 1652, de 50 livres à Murviel, ou 3 livres 12 sous 6 deniers la quarte. En 1744 il est à St-Georges à 5 livres; en 1759, à 5 livres 12 sous, 5 livres 15 sous la quarte (2); les quatre années suivantes, de 5 livres 11 sous 7 deniers, 6 livres 17 sous 6 deniers et 6 livres; en 1765, 9 livres; en 1766, 11 livres; en 1769, 9 livres 17 sous 6 deniers. Les années 1763-65 furent très-mauvaises. En 1773-74, le prix a été de 8 livres 10 sous; en 1778, 10 livres 5 sous; en 1792, 17 livres. De 1800 à 1815, excepté 1804, année mauvaise par suite de la grêle, où la quarte se vendait 26 livres, le prix a varié de 10 à 16 fr. pour l'huile des enfers et de 14 à 20 fr. pour la fine, pour s'élever à 34 fr. en 1817. Plus tard il s'est maintenu entre 15 et 25 fr. la 1re qualité. Malgré ces prix, les propriétaires, gâtés par les beaux produits de la vigne, trouvent qu'il n'est pas avantageux de cultiver l'olivier. Beaucoup ont été arrachés; il en existe encore de 30 à 40 hectares, mais ils sont mal cultivés.

La fabrication de l'huile se payait à raison de 1,75 à 2 fr. la presse au commencement de ce siècle, plus

(1) Ici, au XVIIIe siècle, la charge renfermait 16 quartes et contenait en litres 173,76.

(2) La quarte valait autrefois 9 litres 65; en 1830, on la fait de 10 litres.

tard de 3 fr. avec les noyaux pour le maître du moulin, et 4 fr. sans les noyaux. En 1641, on payait à Murviel, 5 sols pour chaque ménade d'olives; il fallait alors trois ménades pour une presse. Le maître du moulin fournissait un muid d'eau et gardait le premier cabas de noyaux ; les propriétaires devaient fournir le reste de l'eau, la ramille et les hommes. Il est probable que cet usage existait aussi à Saint-Georges, où il y avait deux moulins. Aucun ne fonctionne aujourd'hui.

Il se faisait un très-petit commerce d'olives pour confire; mais cette industrie, comme celle des raisins, n'a jamais été développée à St-Georges et à Murviel, comme elle l'a été, et l'est encore, à Pignan, où l'on tire par ce moyen un assez bon parti de la vigne et de l'olivier. On ne trouve pas de prix avant 1800. En 1804, l'amellau valait 22 livres 10 sous le quintal de 100 livres.

VII. La vigne.

La vigne vient au second rang pour l'étendue des cultures (près de 104 hectares); mais elle est au premier pour l'importance et la valeur des produits. Elle occupait anciennement une partie du plateau et des coteaux qui s'étendent depuis l'ancien chemin de Saint-Julian à Montpellier, aujourd'hui chemin des Cabanes, jusqu'à l'extrémité méridionale de la commune, c'est-à-dire le terrain à cailloux roulés, vulgairement appelé *grès*. L'exposition la meilleure pour nos vins est celle de l'Est et du Sud. Ce n'est que vers 1630 et au XVIIIe siècle que la culture de la vigne s'est étendue à l'Ouest et au Nord sur des terrains moins appropriés que les précédents à la qualité. Vers la fin du siècle seulement on a commencé à planter certaines terres fertiles de la plaine.

En ceci, comme dans les arts et l'industrie, nos pères étaient, pour ainsi dire, artistes et plus soucieux de la qualité que de la quantité. C'est pourquoi les fumures de la vigne étaient rares et peu abondantes. Le duc d'Anjou, par ses lettres de 1369, défend de les fumer si ce n'est quelque temps après leur plantation, et lorsqu'on fait des provins. Cet usage s'est à peu près conservé jusques au commencement du XIXe siècle. D'ailleurs c'était aussi l'intérêt bien entendu des propriétaires; car dans les conditions sociales et commerciales où ils étaient placés, il n'est guère probable qu'ils eussent pu écouler, à des prix rémunérateurs, des produits beaucoup plus importants, mais de qualité inférieure. Murviel en donne la preuve; ses vins sont pourtant très-bons, et on ne cultivait que 38 hectares de vignes; mais on vendait presque à moitié prix de St-Georges, tandis qu'aujourd'hui il y a peu de différence entre le prix des deux vignobles.

St-Georges était privilégié sous le rapport du vin, qui jouissait d'une grande réputation. Aux XVIIe et XVIIIe siècles on l'exportait en Russie, en Hollande, en Angleterre, où on le *trouvait délicieux*.

Nos pères tenaient donc à conserver à leur vignoble son antique réputation et étaient très-susceptibles sous ce rapport. De là certains réglements généraux et particuliers.

Et d'abord le ban des vendanges qui était fixé, au XVIIIe siècle, entre le 5 et le 15 octobre. Il en était probablement de même aux siècles précédents; car nos ancêtres tenaient extrêmement aux vieilles coutumes. On avait reconnu que nos vins, pour obtenir tout leur degré de perfection, devaient être le produit d'un fruit arrivé à sa complète maturité. Il n'y avait d'exception que lorsque la trop grande humidité entraînait la pourriture ; mais alors fallait-il demander la permission et ne pas mêler ce vin avec le bon, sous peine de confiscation et de 10 livres d'amende. Les amendes étaient en général au profit des pauvres. Même peine pour les contraventions aux bans. De nos jours les vendanges ont généralement lieu du 1er au 10 septembre; la cause doit, selon nous, être attribuée aux engrais, aux cultures plus nombreuses, à la précocité de certains cépages et à la préférence générale pour les vins un peu verts. Un autre règlement auquel on attachait une très-grande importance avait pour objet la marque du vin.

Vers 1730 le commerce du vin n'était pas toujours très-loyal; et l'*auri sacra fames* l'emportait quelquefois sur l'honnêteté. Ainsi l'on en achetait dans les villages voisins à un prix inférieur de moitié, qu'on livrait comme vin de St-Georges. Les consuls en furent indignés; soucieux de la réputation du pays, et craignant que cette fraude n'occasionnât *la ruine des habitants*, ils décidèrent qu'il serait fait une marque contenant une étoile, le nom de St-Georges et le millésime de l'année de la récolte, et que toutes les pièces vendues pour l'étranger porteraient ces marques sur les deux fonds des tonneaux ; que les acheteurs devraient se faire livrer une attestation imprimée signée par les consuls, et cela sous peine de 50 livres d'amende. Ces marques étaient trop primitives pour n'être pas contrefaites. C'est ce qui arriva bientôt. On y substitua un cavalier armé à cheval ; autour, vin de Saint-Georges ; au-dessous, le millésime. Une pénalité de 25 livres est édictée contre ceux qui marquent un autre vin que celui de St-Georges ; on payait en général un sou par muid pour la marque.

Mais l'exemple des négociants ne fut pas perdu ; les propriétaires trouvaient leur système avantageux et achetaient du vin ou des raisins dans les communes voisines pour le mêler au leur ; en sorte qu'on en faisait marquer trois, quatre fois plus qu'on n'en récoltait. En 1750, cet abus était devenu excessif, et les négociants se plaignaient de la perte de la qualité.

Nous devons faire remarquer, à l'honneur de nos paysans, que ces moyens étaient inconnus à la fin du XVIe et au commencement du XVIIe siècle ; car beaucoup de propriétaires de St-Georges avaient des terres dans la commune de Murviel et quelques-uns en grand nombre, et cependant ils n'y avaient pas une seule vigne. Tant il est vrai que ce ne sont pas les règlements et les lois qui font les mœurs !

L'administration ne se tint pas pour battue : elle supplia l'Intendant d'empêcher la fraude par tous les moyens en son pouvoir, et alla jusqu'à défendre aux propriétaires de faire apporter des raisins et du vin étranger dans leur cave, d'affermer des vignes hors du territoire de la commune, et de mettre la marque sur le vin de ceux qui avaient des vignes hors de St-Georges.

Cette lutte, très-honorable pour nos Consuls, fut excessivement vive et tenace, et dura plus d'un demi-siècle, jusqu'au moment de la Révolution Française. On voit même un consul mis en prison pour refus de marquer le vin provenant de vignes placées hors de la commune. L'autorité devait être vaincue. D'ailleurs depuis 1750 la culture de la vigne se développait tous les jours, ainsi que le commerce, la consommation et les moyens de communication. Mais si le vin augmentait, la qualité diminuait, et les règlements n'avaient plus leur raison d'être.

En général, lorsqu'on arrache une vieille vigne, on fait précéder la nouvelle plantation d'un sainfoin ou d'une luzerne, l'expérience a démontré l'utilité de cet usage. Cependant on trouve à cette époque diverses plantations succédant immédiatement aux précédentes. Les plantations se faisaient au moyen de boutures (plantier en *broques*) et de plants enracinés.

La vente du raisin était aussi réglementée. On ne devait livrer à la consommation que du fruit mûr ; et pour éviter le vol, on exigeait en 1710 un billet signé du Consul constatant que la récolte avait été faite dans la terre du vendeur.

Les plants qui produisaient nos excellents vins

étaient, à en juger par les plantations de la fin du XVIIIe et du commencement du XIXe siècle, l'Aspiran, l'Œuillade, le Terret noir pour les trois quarts, et la Clairette, l'Œuillade blanche, le Fouiral (1), l'Uragnou ou Iragnou (2) pour le reste. On enlevait la grappe et on laissait cuver huit à dix jours. D'ordinaire le vin était vendu dès qu'il était dépouillé, et souvent l'on s'en rapportait pour le prix à celui du marché de Cette. Mais d'après les Consuls, les négociants s'entendaient pour fixer le prix le plus bas ; et, pour éviter cette exploitation, ils avaient décidé de ne marquer aucun vin que le prix n'eût été fixé d'avance.

Nous avons très-peu de prix pour les XVIIe et XVIIIe siècles.

En 1632, je trouve une vente, à Murviel, à 4 livres la charge, ou 15 liv. 16 s. le muid de 685 litres. En 1709, il était ici à 140 liv. sans queue. En 1744, dans l'estimation faite à la suite de la grêle, le vin est compté à 40 liv. le muid. En 1757, le vieux, 225 liv. ; le nouveau, 180, hors lie. En 1760 et 1761, 90 et 87 liv. En 1766, 120 liv. ; en 1769, 150 ; en 1771, 246, 192. De 1772 à 1778, 110 liv., 126, 138, 168, 156. En 1779, très-mauvais par suite de l'humidité, il tombe à 20 liv. ; 1787, 50 liv. ; 1792, 231 liv.

En 1800, novembre, le même propriétaire vend à plusieurs négociants à 72 fr., 156, 132, 100. En 1804, à 225 fr. Il varie jusqu'en 1814 de 60 à 130 fr. En 1815, 140, 180 fr. et 205 fr. avec fût. En 1816, 250 et 400 fr. le vieux. En 1817, de 255 à 280 fr. sans fût. En 1818, 170 fr. sans fût, et Murviel 120. La qualité de ces trois années fut bonne, et en 1816, la récolte, mauvaise en général, fut bonne dans le Midi.

L'usage général était de vendre après les vendanges, sur lie et avec fût de 45 veltes ou demi-muid. Ces prix sont, pour la plupart, ceux du propriétaire au négociant, et pour les vins de choix.

(1) Ramounen, Charge-Mulet.

(2) Raisin à petite grappe, grains petits et serrés ; vin très-coloré.

Depuis lors, jusqu'en 1850, on peut fixer une moyenne pour Saint-Georges de 80 fr., et de 65 à 70 fr. pour Murviel, les 7 hectolitres. De 1850 à 1875, y compris la période de l'oïdium, où le vin s'est élevé à plus de 300 fr., la moyenne est d'environ 160 fr. Il faut observer que dans ce siècle, où le propriétaire se fait un peu commerçant et spécule souvent sur les vins et les laisse vieillir, il y a des écarts très-considérables sur les prix. Du reste, ces différences ont toujours eu lieu suivant la qualité et le moment de la vente : ainsi, en 1818, les vins de l'année précédente atteignent 500 et 600 fr., et en 1820, un vin acheté 216 fr. se vend l'année suivante 550 fr., tout conditionné, prêt à être embarqué.

Le prix alloué aux commissionnaires, au milieu du XVIIIe siècle, était de 2 livres par muid de vin, et 2 s. 6 d. pour la quarte d'huile. De nos jours il est de 7 fr. par muid ou 1 fr. par hectolitre.

Ce n'est qu'à la fin du XVIIIe et au commencement du XIXe siècle que le propriétaire a logé son vin dans des foudres ; avant on n'employait que de petites futailles qu'on faisait venir surtout des Cevennes, au prix de 12 à 17 livres le muid. En 1822, les foudres bien conditionnés se vendaient à raison de 45 fr. le muid, prêts à recevoir le vin.

Voici les différentes mesures pour le vin en usage dans nos contrées au XVIIIe siècle et probablement avant :

Le muid, jusqu'en 1830, est de 685 litres, contenant 90 weltes de 7 lit. 6 chacune. Le muid se divisait encore en 12 pagelles de 57 litres et en 18 sétiers de 38 litres ou 32 pots. — Le pot était donc de 1 litre 1875. C'est très-probablement la même mesure désignée vulgairement sous le nom de *piché*, lequel se subdivisait en *fouillette*, et celle-ci en *truquette*, ou un peu plus de demi-litre et de quart de litre.

Pour la vente au commerce, elle se faisait souvent par demi-muids de 45 weltes, par tiercerolles de 228 litres et par sixains de 115 litres. Depuis 1830, le muid se compte de 700 litres.

Le vin se serait vendu plus cher si le mauvais état des chemins n'avait offert de grandes difficultés pour le transport. Nos routes n'avaient guère plus de 2[m]50 à 3 mètres de large, et encore étaient-elles fort mal entretenues ; les chemins ruraux étaient souvent impraticables. Aussi les charrettes n'étaient pas très-nombreuses, et la vendange se faisait souvent à dos de mulet.

Le mode de plantation était le même que de nos jours, et de 3870 à 4000 plants à l'hectare. On donnait ordinairement à la vigne deux cultures : la 1re à l'ancien araire ou à la pioche, et la 2e au bijard. (Ce n'est que depuis une trentaine d'années que l'on donne trois et même quatre cultures.) Les plantations étaient souvent entourées de haies ou complantées d'oliviers et autres arbres à fruit, en sorte que la production n'était guère, au XVIe et au XVIIe siècles, que de 200 à 300 muids. Elle s'est élevée successivement à 600 muids en l'an X, y compris ce que les habitants récoltaient dans les communes voisines ; à 1200 muids en 1818, et l'année passe pour avoir été peu productive.

Les industries qui se rattachent à la viticulture étaient presque nulles. Ce n'est qu'au milieu du XVIIIe siècle que nos pères s'avisent de faire le commerce du vin par eux-mêmes, en petites barriques d'abord, ensuite en grand, et de le laisser vieillir. De là le développement de la tonnellerie. L'industrie du vert-de-gris existait très-probablement ici comme à Montpellier, car on la trouve mentionnée au commencement de ce siècle, ainsi que la distillerie.

VIII. Les vicissitudes de la propriété.

Pendant la période qui va de la fin du XVIe à celle du XVIIIe siècle, la propriété a subi de nombreuses intermittences de prospérité et de revers. Le contre-dcoup es événements politiques et religieux a exercé sur elle une grande influence, et elle a souffert aussi des effets des variations atmosphériques.

Nous n'avons aucune donnée précise sur l'état de notre agriculture avant le compoix de 1593. Cependant les acquisitions déjà citées font supposer un développement très-important, sinon au point de vue agricole, du moins à celui de l'élève des bestiaux. On peut affirmer que la culture avait atteint, en 1593, son maximum d'étendue (415 hectares environ); il n'a été dépassé qu'à la fin du XVIIIe siècle.

L'avènement de Henry IV réveille la confiance dans nos campagnes. Nos paysans se mettent à l'œuvre, ils défrichent hardiment les terres les plus incultes, et le mamelon élevé des Rouvières, actuellement presque abandonné, est alors mis en culture. L'année du compoix compte près de 10 hectares de défrichements. Il est même probable qu'avant les guerres religieuses du milieu du siècle, la culture était très-développée, témoin les terres indiquées comme hermes et les masures disséminées aux environs du village que ce compoix nous signale comme tombant en ruines, ainsi que quelques maisons des barris, dont on peut attribuer la destruction ou l'abandon aux malheurs de cette époque.

Ce mouvement est bientôt arrêté par de nouvelles guerres civiles. En 1622, St-Georges voit ses campagnes ravagées, son église et ses murailles à moitié détruites, ses archives en partie brûlées. Quoique nos paysans n'aient pas offert une bien grande résistance, ils durent payer une forte rançon (1). Toutefois, grâces à la paix, l'agriculture continua à prospérer. Quoique le compoix de 1633 présente quelques hectares de nouvelles cultures, nous sommes néanmoins porté à les attribuer au règne de Henry IV, parce qu'elles y figurent, la plupart, comme vignes, et que les terres hermes sont plus nombreuses qu'auparavant. La seconde moitié du siècle nous offre bien quelques points

(1) Voici le passage de la Chronique de Gariel, éditée par M. Germain, qui se rapporte à ce siége (avril 1622) :

« Le duc de Rohan va assiéger Saint-Georges (avec 5,000 hommes), » y faisant camper son armée durant trois jours. M. de Montmorenci » y envoie le sieur de Vaucourtois avec quelques compagnies pour se » jetter dedans; mais ils sont empechez et repoussés par la cavalerie » huguenote. L'artillerie commence à tirer. Après la troisième volée de » canon, les assiégés parlent de composition, qui leur est accordée, par » icelle la vie donnée à tous : les gens de guerre doivent sortir avec » leur épée, et les habitants doivent donner neuf mille livres pour le » pillage. Pour l'assurance de la somme, treize des principaux habi- » tants sont envoyés à Montpellier prisonniers jusqu'à ce que le paye- » ment fut fait. Le prêtre et curé du lieu, sortant avec les gens de » guerre, habillé en soldat, aiant été reconnu, fut conduit prisonnier » dans la citadelle de Lunel, et lui en couta cinquante écus pour » avoir sa liberté. L'église fut pillée et abattue, et les murailles du lieu » razées. — Ce même jour, le duc de Montmorenci arrivant battit les » huguenots au pont de Lavérune. »

noirs ; mais ce sont surtout les 15 dernières années de Louis XIV et une partie du règne suivant qui furent désastreuses pour l'agriculture. Aux malheurs de la guerre se joignirent les rigueurs des saisons, les maladies, le pillage des récoltes. Le village devint presque désert et la misère affreuse. Pas de récolte, pas de pain (1705).

Aussi nos bourgeois, très-favorables pourtant à l'instruction primaire, supplièrent-ils l'Intendant et l'Évêque de supprimer l'allocation de 100 livres à la régente parce qu'il n'y avait qu'une *douzaine de fillettes occupées à glaner du blé ou à travailler aux champs.*

L'hiver de 1709, de si triste mémoire, ajouta un nouveau fléau aux autres calamités. Et dans la répartition du blé de semence que l'intendance a fait venir à 7 livres le quintal, St-Georges ne demande que 128 quintaux ; beaucoup de terres devaient être abandonnées.

Quant aux accidents atmosphériques, voici pour les amateurs de statistique météorologique ceux que nous avons pu constater :

De septembre 1698 à fin août 1699 sécheresse extrême, les rivières et les puits sont à sec, et pendant trois mois, c'est à *peine si l'on peut y puiser truquette d'eau.*

1709. — Les pluies de l'automne détruisent la semence des blés ; — les gelées ont été si horribles que de mémoire d'homme on n'en avait vu de pareilles. — La grande gelée a duré 15 jours. Les réserves, les vignes, les oliviers ont été tués.

1717. — Cette année dut être mauvaise, car le vin ne produisit pas 2,000 livres.

1720. — L'hiver dut être mauvais, puisque l'Intendant fait l'avance de 350 sétiers de blé.

1721. — Blés gâtés par les brouillards, n'ont pas fourni pour la semence.

1724. — Il dut y avoir grande sèchresse puisqu'on cure la plupart des puits.

1726. — Les fortes gelées de l'hiver ont tué beaucoup d'oliviers et fait grand mal aux autres. — La grêle ajoute aux dégâts (délibération d'avril).

1729. — Les grands froids et les grandes pluies ont détruit la semence. On a semé deux et trois fois ; — oliviers tués.

1730. — Grande sècheresse.

1732-33. — Pendant ces deux années les brouillards, à l'époque de la floraison de la vigne, détruisent la récolte presque entière du vin.

1734. — La très-grande sècheresse ainsi que les brouillards occasionnent un grand dommage ; — en avril, un orage de grêle emporte presque toute la récolte.

1736. — Par suite des pluies les blés n'ont produit que la semence.

1737-39. — Deux années de sécheresse.

1740. — Mauvaise récolte de blé.

1741. — Le 6 et 7 octobre, grande pluie ; — dommages épouvantables ; — le Céderon déborde emportant la plus grande partie des terres voisines.

1744. — Dans les premiers jours d'octobre, un ouragan mêlé de grêle emporte la plus grande partie de la récolte de vin et d'huile.

1745. — Les grands froids qui ont duré tout l'hiver ont tué beaucoup de souches ; — les gelées blanches de fin avril et du 1er mai ont détruit le peu de regain sorti ; la sécheresse de mars et avril avait déjà causé de graves dommages. Le 13 mai un violent orage anéantit toute la récolte. Vers le 20 novembre, grandes pluies ; les ruisseaux de la Fosse et du Céderon débordent et emportent vignes et olivettes.

1748 (12 mai). — L'hiver très-rigoureux a tué une partie des oliviers et petits grains.

1750. — Année de très-mauvaise récolte.

1751. — Par suite des grandes pluies de l'hiver la récolte du blé est très-mauvaise, celle des olives est nulle, et celle du vin s'annonce mal (juillet).

1752. — L'hiver rigoureux a tué une grande partie des vignes et des oliviers.

1753 (mai). — Hiver très-rigoureux et très-sec, grand dommage aux vignes, oliviers, fourrages, blés, légumes et autres petits grains; — les grains sèchent sur la plante par suite de la sécheresse et des grands vents qui ont duré un mois.

1759 (19 août). — Le blé a à peine produit le double de la semence; — le 27 juillet une grande quantité de grêle enlève en grande partie la récolte des raisins; — un ouragan achève de tout détruire.

1762. — Les grandes chaleurs et le vent du Nord ont détruit au mois de juillet le tiers des raisins.

1763. — Le 28 mars, grande gelée; le 29, gelée blanche qui tue vignes, mûriers et autres arbres à fruit. La douceur de l'hiver avait hâté la végétation.

1765. — Les pluies de l'hiver et du printemps ainsi que les brouillards ont gâté les blés qui ont à peine produit la semence, — très peu d'olives, 2/3 de vin de moins.

1766. — Hiver rigoureux : 2/3 des vignes tuées, surtout les vieilles; en octobre violent orage; — du 15 au 29 novembre, grandes pluies et orages, les ruisseaux sortent de leurs bornes; dommages incompréhensibles. Le chemin de Montpellier tellement dégradé qu'on ne peut y passer, — réparé d'urgence à 80 livres; — les réparations de celui de Lavérune estimées à 490 livres.

1768. — Le 29 juillet, violent orage de grêle. Elle est si considérable et si grosse qu'elle emporte la récolte entière de vin et d'olives.

1771. — Sécheresse qui dure cinq mois, jusques vers le 12 janvier.

1777. — Les 6 et 7 avril, gelée blanche qui tue les 2/3 des bourgeons et la feuille de mûrier.

1779. — La sécheresse d'une partie de l'année nuisible aux récoltes; la grande humidité de l'automne pourrit les raisins.

1783. — Le 27 juillet, un orage mêlé de grêle d'une grosseur extraordinaire a tout ravagé, surtout dans les terrains élevés et en pente où les eaux ont enlevé les terres. Récolte de vin et d'huile détruite. L'orage commence à 8 heures du matin et dure 4 heures.

1788-89. — Hiver très-rigoureux, tue la plupart des oliviers.

An III. — Le 18 Floréal, grêle sur presque tout le territoire; souches endommagées, reste à peine un tiers de récolte; — les rigueurs de l'hiver avaient également nui aux vignes et aux oliviers.

Tel est le bilan que nous offrent les délibérations du Conseil municipal pour le XVIIIe siècle. Il n'est pas très-favorable à l'agriculture.

L'époque de la guerre de la succession de Pologne est aussi des plus misérables, car en 1738 la moitié des terres étaient à l'état d'hermes.

Toutefois en 1744, dans une estimation des dégâts produits par la grêle, nous trouvons que les vignes et les olivettes atteintes (et c'est probablement la totalité) occupaient 259 hectares 35 ares et le dommage est évalué à 10,530 livres. Les champs avaient donc considérablement diminué au profit de la vigne.

Il ne faut donc pas s'étonner si, dans la première moitié du siècle, nous trouvons tant de terres abandonnées par leurs propriétaires et vendues à vil prix, ou données à condition qu'on les mettra en culture et qu'on en payera l'impôt. Mais à partir de 1760 l'agriculture prend un nouvel essor, les défrichements se multiplient, et le Conseil décide, conformément à l'ordonnance de 1749, de céder le tiers des garrigues aux particuliers, à condition qu'ils les mettront en culture et en payeront l'impôt.

Cette prospérité se continua, sauf quelques années de revers, jusqu'en 1789. Cependant, en 1790, on estimait encore à 450 hectares le terrain inculte.

Le tableau moral n'est pas moins chargé. Les vols nombreux, le pillage des récoltes, les assassinats nécessitèrent la formation des patrouilles. Les soldats même se livraient à la maraude. Le propriétaire pauvre ne pouvait pas se faire rendre justice, l'argent lui manquait ; mais il y avait alors un tel sentiment de solidarité que des syndicats se formaient afin de poursuivre les malfaiteurs au nom de tous. La peste de 1720 n'atteignit pas nos localités ; mais dans toutes les maisons il y eut des malades. Le chirurgien prit la fuite. On dut faire la garde jour et nuit pour empêcher la contagion de pénétrer. Et il faut ajouter à tout cela des actes nombreux d'immoralité. Le seigneur Gilbert de Griffy, que la population vénérait pour sa bonté et les prêts qu'il fit à la Commune à un faible intérêt, le curé et les conseillers chargés de la police s'efforcèrent de l'arrêter ; ils firent même emprisonner quelques personnes.

Le pillage des récoltes n'est pas un fait particulier à la première moitié de ce siècle ; il se reproduit plus tard, et, en 1793 et 1794, tous les habitants de 16 à 70 ans durent former des patrouilles de quatre hommes pour surveiller le terrain le jour, et, la nuit, le village. Défense fut faite de chasser dans les vignes avant l'enlèvement des récoltes, sous peine de 20 livres d'amende et de la confiscation du fusil. Cet abus de la chasse date de loin, car, en 1710, les consuls font publier un arrêté de 1669 du Parlement de Toulouse, qui défend à tout gentilhomme ou autre, ayant droit de chasse, de chasser à pied ou à cheval, avec chiens ou oiseaux, sur des terres ensemencées, depuis que le blé est en tuyaux, et dans les vignes, depuis le 1er mai jusqu'après la récolte, sous peine de privation de leur droit et de 500 livres de dommages envers le propriétaire. Il en est de même en 1763, et l'on ajoute que, les pauvres propriétaires ne pouvant pas poursuivre, la procédure sera faite par les consuls.

A tous ces fléaux, plus ou moins réguliers, il faut en ajouter un autre qui est plus constant : celui de l'impôt. Il varie, dans les 40 premières années du XVIIIe siècle, entre 4,000 et 5,000 livres ; entre 5,000 et 9,600 livres, dans les 40 années suivantes, pour atteindre 9,758 livres en 1791.

Il y avait encore la dîme, dont la ferme s'éleva graduellement, pendant les trois premiers quarts du XVIIIe siècle, de 900 à 4,400 livres, y compris très-probablement 1 hectare 76,50 de champs, olivettes et jardins, que possédait le Chapitre de Saint-Pierre. Toutefois, cet impôt ne paraît pas avoir excité de vives plaintes, puisque, en 1766 seulement, on prie le Chapitre d'augmenter, en proportion de ses revenus, l'aumône de 18 livres qu'il faisait annuellement aux pauvres, tandis que les plaintes au sujet de l'impôt se renouvellent très-souvent.

Et il ne faudrait pas croire que nos bourgeois fussent plus intimidés vis-à-vis du Chapitre que vis-à-vis des seigneurs, qui subissaient l'amende pour leurs troupeaux comme de simples paysans. Ainsi, d'après un usage très-ancien, le fermier devait fournir annuellement l'huile pour le luminaire du Saint-Sacrement, etc., et un repas aux habitants évalué à 12 livres. Le sieur

Bouisson, fermier, s'y étant refusé, fut condamné à les payer, ainsi que les frais.

En 1722, le Chapitre voulut imposer la dîme sur la vente des olives et des raisins. Le Conseil résista, traita cette prétention de « mauvaise chicane des fermiers mal intentionnés », et emprunta pour plaider s'il le fallait. Ce sont là les seules traces de difficultés entre le Chapitre et la Commune.

On doit reconnaître aussi qu'après chaque désastre un peu important le Diocèse vint au secours de la Commune. En résumé, elle payait en moyenne, avec les censives seigneuriales, près de 9,000 livres pendant les 15 années qui précèdent la Révolution, et 5,000 probablement au XVIIe siècle. De nos jours, le budget de la commune varie de 20,200 à 26,000 francs.

Telles sont, faiblement esquissées, les vicissitudes qu'a eues à subir la propriété pendant ces deux siècles.

IX. Les variations de valeur de la propriété.

La valeur de la propriété a toujours été en rapport avec celle de ses produits et avec l'état de la société. Dans les années malheureuses, la Commune donnait le plus souvent ou vendait à vil prix les terres qui, restées sans culture ou abandonnées par leurs propriétaires, ne payaient pas l'impôt depuis quelque temps. Ainsi en 1738 une terre de près d'un hectare se vend à raison de 50 livres l'hectare dans un bon grès; une autre, dans un sol mauvais, à raison de 10 livres; au contraire, en 1752, certains fonds se vendent 140 livres, et ils arrivent à 211 en 1769.

Deux ventes aux enchères sont faites par suite de saisie du collecteur en 1713 et 1721. Dans la première, une maison bien située dans l'intérieur du village se vend 9 livres 8 deniers; les bonnes terres à raison de 27 à 50 livres l'hectare. Dans la seconde, une maison en mauvais état avec cuves, jardin, fumeras, au faubourg, et un devois de plusieurs hectares, sont estimés et adjugés à 32 livres et revendus à 77 livres 9 deniers, y compris les frais et l'impôt.

Ces sortes d'achats répugnaient probablement aux propriétaires, car les ventes de gré à gré sont beaucoup plus élevées. En 1660, un cazal de 8 cannes (32 mc) dans l'intérieur se vend 10 livres. En 1738, on en donne un autre de 8 cannes pourvu qu'on en paye l'imposition. En 1749, un de 9 cannes (36 mc), encore contigu, vaut 40 livres. En 1770, un emplacement de 12 cannes (48 mc), voisin des précédents, se paie 24 livres. La maison qui y fut bâtie s'est vendue en 1876, époque où tous les immeubles étaient en baisse, 3,000 fr.

En 1777, la Commune vend un vacant un peu plus grand, voisin de l'hôtel de ville, avec droit d'appui, 120 livres; tandis qu'en 1720 on n'offrait que 100 livres de cet hôtel de ville; il est vrai qu'il menaçait ruine.

Autrefois les maisons de l'intérieur étaient plus imposées que les autres : ainsi, en 1593 les maisons sont allivrées à 10 sols le dextre, comme les moulins, celles des barris à 4 sols; les maisons découvertes et jasses à 2 sols. Cela se comprend pour le temps où les remparts donnaient plus de sécurité à ces maisons; au XVIIIe siècle il n'y a pas de différence.

Au barris ou faubourg, dans un partage en 1664, une maison découverte de 100 mc forme un lot d'égale valeur d'un jardin de même contenance estimé à 18 livres et d'environ 40 ares de bonnes terres, vignes ou olivettes.

En 1747, un sol de 128 mc coûte 48 livres; on y construit une maison qui est vendue, en 1860, 7,000 fr. Une maison rapprochée de 60 mc, vendue 300 livres en 1760, est estimée à la fin du XVIIIe siècle 1500 fr. et vendue 2800 fr. en 1816.

Un moulin à huile (183 mc) est acheté en 1759 au prix de 2,200 fr. Sa construction remontait à un peu plus d'un demi-siècle. Il était estimé, à la fin du siècle, à 2800 livres et vendu après quelques améliorations, avec un grand magasin, à 14,000 fr. en 1843, et à 19,000 fr. en 1872.

Nous venons de voir que les jardins étaient d'un prix assez élevé, d'autres ventes confirment ce fait : en 1720, 170 mc. valent 18 livres; en 1754, 2 ares 40 centiares, 24 livres, et en 1757, 6 ares d'un sol un peu moins bon ne coûtent que 18 livres; tandis qu'en 1819, 15 ares se vendent 900 fr. dans la même situation, et un are 100 fr. en 1846. Le terrain voisin vendu pour élargissement du chemin a été payé 10 fr. le mètre carré en 1874.

Pour les autres terres, voici quelques prix aux diverses époques : En 1703, deux petits lopins de 31 ares 60, l'un champ, l'autre olivette, dans un très-bon sol, valent 632 livres l'hectare; en 1707 un champ des meilleurs attenant au village, 666 livres.

En 1714, un petit champ, avec châtaigniers et oliviers, vaut 297 livres, et une olivette également dans un très-bon sol, mais plus près du village, 339 livres. Le premier transformé en vigne valait à la fin du XVIIIe siècle 666 livres; en 1838, 2330 fr., et 7330 fr. en 1857. — En 1735, une autre olivette attenante à celle-ci ne se vend qu'à 155 livres. — D'autres pièces olivettes, encore contiguës, sont estimées, dans des échanges, à 291 livres en 1760, 283 livres en 1763 et 341 livres en 1770. Toutes ces olivettes réunies, d'une contenance de plus de 4 hectares (1re, 2e, 3e classe), avec une très-petite partie en vigne, valaient à la fin du siècle 1400 livres. — Plusieurs lots furent vendus de 1809 à 1812 de 3,000 à 3,976 fr.; et les parties les moins bonnes, nouvellement plantées, à 5,228 et 13,333 fr. en 1873.

En 1737, une vigne près du village, dans un bon grès, se vend à raison de 233 livres — en 1770, d'autres vignes et olivettes voisines à 450 livres; en 1797, une vigne usée à 1200 livres. Les terres contiguës ont été payées par la Compagnie du chemin de fer en 1879, par voie d'expropriation, de 9,990 à 13,000 fr. A cette même date de 1770, dans l'échange cité plus haut, une vigne de ce même coteau et d'autres plus éloignées, mais dans un bon sol, ne sont estimées qu'à 400 livres, tandis que l'olivette de sol analogue et un champ de 1re classe valent 541 livres.

En 1741, une propriété de près de 4 hectares composée de 12 pièces champs, prés, vignes, olivettes, bon sol, se vend à raison de 385 livres. La plupart de ces terres valaient à la fin du siècle de 800 à 1600 livres et se sont vendues en 1857, époque où la propriété n'avait pas atteint son maximum de valeur, de 6,666 à 8,000 fr.

De 1745 à 1760, les différentes ventes que nous avons eues sous les yeux varient de 158 à 366 livres selon l'état et l'éloignement, mais toutes dans un bon sol.

De 1775 à 1789, des terres de qualité ordinaire, en mauvais état, valent de 407 à 480 livres, et en bon état, 685-1200 livres (A Murviel, 365 livres).

Après cette dernière époque les meilleures terres sont évaluées par plusieurs experts de 1333 à 1666 livres, les bonnes de 666 à 1300 livres, et les coteaux médiocres de 500 à 600 livres.

En 1804, un lot de neuf pièces champs, vignes, olivettes de près de 9 hectares de différentes qualités, est cédé à 1003 fr. l'hectare.

Voici encore les variations d'une terre de près de 8 hectares classés par le cadastre de 3e classe, dont 16 ares herme, le reste vigne avec quelques oliviers, produisant la première qualité de vin: elle se vendit aux enchères publiques en l'an III à raison de 2931 livres, et fut payée en assignats pour la majeure partie, ce qui la réduit à 635 livres l'hectare. En 1816, une partie vaut 1227 fr. La totalité est estimée en 1838 à 1973 fr. et vendue quelques années après à environ 3,125 fr. l'hectare.

Les terres médiocres avaient autrefois peu de valeur, les bois et les garrigues ou devez en avaient encore moins : ainsi en 1760 et 63, un bois de 75 ares, à Murviel, se vend 25 livres, et un de 84,38,27 livres; en l'an VIII, un autre de 2 hectares 400 livres. Aujourd'hui, la valeur des bois varie de 500 à 1,000 fr. l'hectare.

En 1752, l'Évêque cède des devez à condition qu'on les mettra en culture et que les troupeaux pourront y paître après l'enlèvement des récoltes, pour l'usage annuel de demi pugnière orge par 15 ares; et M. de Solas, de 1750 à 1776, moyennant une rente annuelle de 15 sols, ou 5 livres l'hectare, soit 100 livres de capital. De nos jours elles valent de 200 à 250 fr. l'hectare.

Pendant la première moitié de ce siècle, la valeur des terres a augmenté d'une manière lente. Ce n'est qu'après l'oïdium, vers 1856, que la progression ascendante s'est accentuée. Les terres médiocres valaient alors 3,000 fr., les autres de 6,000 à 8,000. Ces prix ont dépassé 13,000 fr., sans compter même quelques petites ventes isolées à des prix exorbitants.

A Murviel, les prix ont toujours été inférieurs: on peut les estimer pour notre époque de 400 à 600 fr. l'hectare de moins pour les bonnes terres, et de 800 à 1000 fr. pour les meilleures.

Nous n'avons pas d'assez nombreuses ventes pour le XVIIe et la première moitié du XVIIIe siècle, pour savoir si les coteaux produisant le meilleur vin avaient plus de valeur que les autres terres. Ce qui est certain, c'est qu'au milieu du XVIIIe siècle les forains aisés avaient la plus grande partie des vignes qu'ils ne cédaient pas facilement, et pour la fin de ce siècle et le commencement de celui-ci, les olivettes, même de 2e et de 3e classes, étaient préférées aux meilleurs champs.

Quoique la plupart des ventes portent que les terres aient été estimées par experts assermentés ou non, et que quelquefois même après la vente on fasse dresser un inventaire de l'état de la terre, il est difficile de connaître d'une manière absolue la valeur réelle du sol ; trop de conditions s'y opposent. Ce que l'on a recherché, c'est d'abord la qualité de la terre, la facilité de l'exploitation, et de nos jours, pour la vigne, l'âge et les cépages les plus productifs.

Toutefois, si l'on met de côté deux ventes exceptionnelles de 1703 et 1707, on peut dire que la propriété a quadruplé de valeur à la fin du XVIIIe siècle, et qu'en 1875 elle valait sept fois plus qu'en 1800.

Le fermage était d'un usage assez commun au XVIIe et au XVIIIe siècles pour les forains, et un certain nombre de propriétaires aisés, riches même, en faisaient un objet d'industrie. Malgré cela nous n'avons pu nous procurer qu'un seul bail, c'est celui de la propriété de Caunelles, sauf le château, fait en 1780 pour neuf ans, par M. d'Aigrefeuille. Le prix est fixé à 1900 livres plus les tailles, s'élevant à 400 livres environ.

Le fermier doit tenir 300 à 400 bêtes à laine. Il ne peut vendre ni fumier, ni paille. Il est spécifié qu'il doit fumer les oliviers ; mais il n'est pas question de fumer les vignes. Il doit céder au Seigneur tout le vin de la ferme, lequel lui sera payé à 30 livres le muid. Il est fait un rabais de 500 livres par an pour les événements fortuits, grêle, etc.

En 1792, le nouveau propriétaire permet de sous-affermer à raison de 6 livres la sétérée. La ferme des bénéfices de l'Évêque pour Lavérune était, en 1759, de 2,900 livres.

Quant au classement des terres, les compoix de 1593 et 1724 divisent les jardins en trois classes, avec un allivrement, ou revenu net imposable, de 3, 2, 1 denier le dextre. Les champs, vignes, olivettes sont rangés dans la même catégorie et divisés, dans le premier compoix, en 9 classes, avec un allivrement de 9 sous 8... 1ˢ; et dans le second, en 7 seulement, avec un allivrement de 7 sous 6 deniers 1ˢ la cartairade.

Les devez ne forment qu'une classe à 5 sous la cartairade.

Les mules et les bœufs payaient 10 sous la pièce; les ânes, 5 sous; les brebis et chèvres, 20 sous le cent.

A Murviel, on fait aussi neuf classes dans lesquelles entrent toutes les terres' cultivées; l'allivrement n'est que de 3 sols la cartairade pour la première, et de 4 deniers pour la dernière. Les bois et rouvières en forment trois à 1 sol 6 deniers, 1 sol, et 6 deniers; les devez, deux à 1 sol 6 deniers et 1 sol.

D'après divers arrêtés de la Cour des Aides du XVIIᵉ siècle, les terres défrichées sont fixées à 1 sol au compoix la cartayrade.

L'imposition était basée sur ces allivrements et variait, suivant les années, de 10 à 22 livres par livre de compoix.

De nos jours, le cadastre classe les terres selon la valeur du sol, comme autrefois, mais il tient compte encore de la nature du produit. Ainsi, après les jardins, les vignes et les olivettes occupent le premier rang; en sorte que les possesseurs de ces dernières payent un impôt bien supérieur aux meilleures terres à blé, lesquelles, plantées en vignes comme les autres, donnent un revenu près de deux fois supérieur. Aussi, cette anomalie, ainsi que la transformation d'une grande partie du sol, font vivement sentir la nécessité d'un nouveau classement cadastral.

X. Les prix de la main-d'œuvre.

La terre avait donc autrefois peu de valeur. La culture en était-elle onéreuse ? Cette question nous conduit à examiner le prix des salaires ou la condition de l'ouvrier.

Voici d'abord ce que coûtait, à la fin du XVIIe siècle, un plantier en mauvais état de 30 ares environ, dans un terrain vulgairement appelé *grès*. Les estimeurs jurés l'avaient déclaré herme et inculte en 1684, et le propriétaire, pour éviter probablement qu'il ne fût vendu comme bien abandonné, présente les reçus des cultures. Les estimeurs sont taxés à 52 sous et 10 s. 6 d. pour papier.

En 1682 et 1684. Pour quatre raies croisées, 5 livres.

1684.	Majenque (2e culture, 12 juin), 7 journées à 16 s.	5 liv.	12 sous.
Id.	11 octobre. Taille, 4 journées, et 1 journée de femme pour lier les sarments	3	10
1685.	25 avril. Pour fossoyer (1re culture)	6	8
Id.	1er juillet. Majenque, 4 journées.	3	4
1686.	Taille, provins, réparations, 8 j. à 12 s. (23 janvier)	4	16
Id.	1 journée de femme		6
Id.	19 avril. Pour fossoyer, 6 journ..	4	10

En 1686.	Majenque (15 mars)............	3 liv.	4 sous.
1687.	Pour fossoyer, 4 journées.......	2	14
Id.	Taille, 1 journ. à 12 s.; pour lier les sarments, 5 s..............		17
Id.	Majenque, 3 journées...........	2	2
1688.	Mêmes frais qu'en 1687, soit....	5	13

La journée d'homme varie donc de 12 à 16 sols, celle de femme de 5 à 6. La culture des 30 ares s'élève en moyenne à 7,74, et celle de l'hectare à 25,80, y compris quelques réparations. Il fallait un peu plus de 9 journées pour les cultures et la taille de ces 30 ares ; aujourd'hui il en faudrait près de 15 avec les trois cultures qu'on donne ordinairement.

En 1715, nous trouvons les journées ainsi réglées par le Conseil : Pour les hommes, depuis les vendanges jusqu'au temps de fossoyer, 14 s.; pour fossoyer et majenque, 17 s. Filles et femmes pendant six mois après les vendanges, 5 s.; les autres six mois, 6 s., sauf augmentation ou diminution selon le besoin. Il est défendu aux travailleurs d'exiger et d'accepter davantage, lors même qu'on l'offrirait, sous peine de 10 sols d'amende pour la première fois, du carcan et du fouet pour les récidives, et de 100 livres pour le propriétaire. — Au milieu du siècle (1757-71), la journée d'homme (juin) était de 1 liv. 4 s. à 1 liv. 10 s.; celle de bœuf à 3 livres, et celle de mule à 2 liv. 10 s. On donnait ordinairement pour culture aux terres avant la semence six raies croisées, à raison de 10 sols la raie par 15 ares.

En 1793., les journées ordinaires d'hommes sont

fixées au maximum de deux livres. — Pour tailler les oliviers et faucher les foins 3 livres. Pour faucher le blé, 3 livres 15 sols. — Deux bêtes et deux hommes pour dépiquer, 9 livres. — Valet de labour, 3 livres; nourri, 1 livre 2 sols, 6 deniers; pour toute l'année nourri, 180 livres; charrue à une bête, de 3 à 5 livres; *id.* à 2, 6 livres 15 sols. — Maçon bon ouvrier 3 livres; tonnelier, 2 livres; femmes, 1 livre; fournier, 17 sols par quintal de farine. Il paraît qu'à cette époque la commune manquait de bras pour les cultures. De nombreux étrangers s'y rendaient; mais les ouvriers de la localité les menaçaient pour les forcer à partir et faire ainsi augmenter le prix de la journée. Nous n'avons pu nous fixer sur le prix du valet à l'année, logé et nourri, avant 1793. Il devait être, d'après les divers prix ci-dessus, de 65 à 120 livres.

Au commencement du XIXe siècle, en 1803, nous trouvons les journées entières, au mois de mai, à 3 livres 10 sols, et jusqu'à midi à 2 livres 5 sols — De 1806 à 1815, les journées de labour sont de 4 à 6 francs, celles d'homme de 1,25 à 2,25. On employait aussi les femmes pour piocher à raison de 15 sols à 1 franc. Les journées se maintiennent jusqu'en 1835 à 1 fr. 50 c. et 2 fr. pour les vendanges. Elles s'élèvent ensuite à 1 fr. 75 c., et de nos jours à 3 et à 4 fr.

Les journées pour la taille des arbres, le fauchage des fourrages ou des blés, pour la dépiquaison, les vendanges et le décuvage sont toujours supérieures aux autres.

A part l'ouvrier ou valet à la journée ou à l'année, les riches propriétaires avaient ce que nous appelons les *paîres* ou ouvriers à l'année, chargés de louer et de diriger les travailleurs, de les nourrir, de soigner les chevaux ; on leur donnait ordinairement le logement, le bois, 10 sétiers de blé, 1 muid de vin et 2 quartes d'huiles par homme, et quelque chose pour *l'ustensile* ou nourriture, en sus du gage.

Ce sont encore les conditions que l'on fait dans certaines propriétés, avec un gage de 400 à 600 francs et 20 à 30 centimes par homme pour *l'ustensile.* Quant au paîre ordinaire dans le village, il reçoit, à part le logement, le bois et la boisson, 700 fr. environ.

Il y a encore le maître travailleur ou *capitaine* qui est à la tête de la *colle* et auquel on donne 25 c. de plus qu'aux autres.

Cette différence entre les prix des XVIIe et XVIIIe siècles et ceux de nos jours ne doit pas nous étonner. Ils sont en rapport non-seulement avec la valeur de l'argent, mais avec celle des denrées et l'abondance ou la rareté de la main-d'œuvre. Or, l'argent, de nos jours, a deux fois moins de valeur intrinsèque qu'au XVIIe siècle et celle de la plupart des denrées a plus que quadruplé. Nous ne parlerons pas de l'époque exceptionnelle de la fin du XVIIIe siècle, où par suite de la dépréciation du papier monnaie et de la rareté des ouvriers, les prix s'élèvent et deviennent fabuleux.

Or, dans les deux siècles précédents, un ouvrier pouvait se nourrir moyennant 4 et 6 sols par jour avec une livre de viande, un kilogramme de pain et des légumes, ce qui coûterait aujourd'hui 1 fr. 40 c.

Un bourgeois des plus aisés de St-Georges donnait pour sa pension à la fin du XVIIIe siècle, époque où tout avait renchéri, 250 livres; il avait droit à un muid de vin, deux quartes d'huile et sept sétiers de blé, et encore devait-il s'occuper de la propriété.

Un de ses parents, étudiant en médecine, nourri chez un chanoine, à Montpellier, ne dépensait, en 1757, pour pension alimentaire, que 192 livres, ou 53 c. par jour, et à Paris, 60 c. Un peu plus tard, vers 1780, le peintre P.-F. Prudhon s'y trouvait assez bien nourri avec six sols par repas. Les objets de première nécessité étaient en rapport avec la nourriture.

Certain économiste (Boisguillebert) se plaint que tout a augmenté sous Louis XIV; que les souliers, de 15 sols qu'ils valaient en 1600, sont devenus cinq fois plus chers en 1700. On peut dire que depuis lors jusqu'en 1790 presque tous les objets ont plus que doublé. Au milieu du siècle, les souliers pour femme valaient ici 3 livres ; pour homme, de 4 livres à 5 livres. — En 1805, les premiers se vendent 5 fr., les autres de 6 à 8 fr., et aujourd'hui de 9 à 15 fr.

D'après les mémoires de Basville, les draps étaient à Montpellier, la première qualité de 8 à 13 livres l'aune ou 1 mètre 18 centimètres, et les grossiers dont se servaient les paysans, de 3 à 4 livres.

En 1757, le bois valait en septembre et octobre de 6 à 7 sols le quintal. Il se vend de nos jours de 1 fr. 20 à 1 fr. 40 c.

Voici les prix des divers objets au XVIIe et au XVIIIe siècles :

En 1643, la Commune fit arpenter les trois piochs de 64 hectares cédés par l'Évêque.

On alloua à l'arpenteur, à raison de 4 livres par jour..	24 liv.
Au commissaire, pour dépenses de nourriture chez Bousquet, de Celleneuve	31
Pour 3 chevaux de louage	3
Collation faite à Saint-Georges	1
Droits et émoluments du commissaire	30
	89 liv.

En 1722, la Commune emprunta 50 livres pour faire un nouveau compoix, lequel, du reste, n'est presque que la reproduction du précédent.

Voici une note de 1653 se rapportant probablement à des troupes de passage :

Pour 3 gardes et leurs chevaux	3 l.
— 4 gardes et 3 chevaux	3 l. 10 s.
— 4 gardes et 2 chevaux	3 .
— 3 chevaux et 3 valets	2 l. 5 s.
— 1 *polet* pour un malade	8 s.
— 2 mules	1 l.
Pour nourrir les chevaux du Comte	2 l. 8 s.

En 1712, la cloche fut fondue par Ét. Besce, de Montpellier, dans le moulin à huile de B. Courty. Elle pesait avant 8 quintaux 63 livres ; après la fonte, 7 quintaux 91 livres, et coûta, mise en place, 180 livres.

En 1775, elle était tombée du clocher et s'était cassée. On en fit une nouvelle plus forte de 3 ou 4 quintaux. Le fondeur Poutingon se chargea de la vieille à 20 sols la livre et de la nouvelle à 30 sols ; la ferrure en sus fut évaluée à 100 livres. — Total 1275 livres.

En 1838 cette cloche fut encore refondue, avec un peu plus de métal fourni par la Commune, au prix de 500 à 600 fr.

En 1753, le sieur Cornu fit l'horloge pour 600 livres ; la cloche qui devait servir de timbre, de 5 quintaux, à 30 sols la livre, le fer à 7 sols et la maçonnerie à 100 livres. On payait alors, pour monter l'horloge, 24 livres ; aujourd'hui on paie 60 fr.

En 1751, on avait fait des réparations à divers édifices communaux s'élevant à environ 780 livres. L'architecte Giral, propriétaire forain, réclama pour 8 jours de vacations et devis 120 livres. Le Conseil prétendit qu'il n'avait employé que 2 journées et 1 pour son fils. La somme fut réduite à 48 livres.

En 1725, on fit venir un chirurgien pour trois ans, à 30 livres par an. Vers la fin du siècle, le chirurgien prenait 1 liv. par visite et vous saignait trois fois pour 1 liv. 16 s.

On allouait aux Consuls, au commencement du XVIIIe siècle, 15 livres : 10 pour le premier et 5 pour le second ; en 1738, 15 pour le premier et 10 pour le second.

Le greffier, qui a aujourd'hui 650 fr., avait alors 40 livres.

La perception de l'impôt se faisait par des collecteurs volontaires ou forcés : on dressait par échelle la liste des gens capables de faire la levée. En 1718, il y en avait 13 de la première et 28 de la seconde. La rétribution variait, selon les enchères, de 2 à 5 d. par livre, ou de 60 à 115 livres l'année ; encore devaient-ils faire souvent l'avance des premiers mois.

Les gages du régent ou instituteur étaient, jusqu'en 1790, de 150 livres, et ceux de l'institutrice de 100 livres. A cette dernière époque, ils furent doublés. La Commune fournissait, outre le logement, le lit, la paillasse, deux draps de lit, une couverture, qui coûtaient, en 1725, 30 livres.

Tous les ans, jusqu'en 1738, la Commune portait sur son budget 60 livres pour le prédicateur du carême.

Cependant, certains objets qui se rapportent à l'agriculture ont très-peu varié : ainsi, en 1779, on payait, pour aiguiser un *picou*, 1 sol 6 d. ; 1 bigot et bijard, 2 s. ; le soc de l'araire, 1 s. 6 d. ; la charrue, 5 s. ; pour chausser une pioche, 1 liv. ; faire un bijard, 1 liv. ; pour ferrer les mules, chaque fer 10 sols.

XI. La constitution de la propriété.

Examinons maintenant le mode de répartition de la propriété, et réfutons ces erreurs si souvent répétées qu'avant 1789, la noblesse presque seule possédait la terre, tandis que le peuple, dans une ignorance profonde, payait seul l'impôt; enfin, que le morcellement date de la Révolution.

Quant à l'instruction du peuple, le pouvoir chargé d'y veiller s'en est toujours vivement préoccupé. Au xe siècle, dans ce siècle de fer, il y avait en France beaucoup d'écoles. Plus tard, presque tous les villages avaient leur école de garçons et de filles; et nous avons vu que, malgré la misère des premières années du XVIIIe siècle, l'Évêque pas plus que l'Intendant n'avait voulu supprimer l'allocation pour l'école des filles. Les registres de nos assemblées communales attestent, sauf l'exception ci-dessus, combien nos pères tenaient à l'instruction; ils témoignent également, comme les actes de l'état civil du XVIIe siècle, ici et ailleurs, que beaucoup de personnes savaient écrire.

L'assertion concernant la noblesse, vraie pour le commencement du moyen-âge et l'origine de la propriété, est inexacte pour les temps modernes. La terre noble était sans doute exempte de la taille, mais ce fief était pour nos localités réduit à bien peu de chose.

Au reste, au XVIIe siècle la noblesse était loin d'être aussi riche qu'on l'a prétendu. D'après M. de Basville, sur 4,186 familles de gentilhommes dans tout le Languedoc, il n'y en avait pas 15 qui eussent 20,000 livres de rente, et très-peu qui en approchâssent. Elles avaient depuis longtemps aliéné la plupart de leurs propriétés en faveur des communes ou des particuliers, moyennant une censive annuelle de peu de valeur. Ainsi une terre de un hectare et demi dans un bon grès faisait à l'abbesse du Vignogout une censive de 2 poulets capounadous et 3 deniers par an ; une d'une hectare, une émine d'avoine ; une autre assez bonne, de même étendue, à l'évêque 2 livres 10 sols. Dans certains actes on trouve cette formule : *ne sachant de qui relève la terre ;* et celle-ci très-fréquente sur les reçus du droit de *lod* ou de mutation : *faisant grâce du surplus.* Ce droit était, au milieu du XVIIIe siècle, d'environ 11 à 12 livres pour cent.

Nos seigneurs n'étaient pas très-rigides pour la perception de leurs droits ; très-souvent on ne les payait que tous les quatre ans ; on voit même des retards de 22 ans. La Commune resta 29 ans à payer l'usage de 2 liv. 5 sols dû à l'évêque, et autant au seigneur pour censives du devois de Mijoulan, s'élevant en tout à 11 liv. 4 s. 11 d.

La propriété non imposée pour le seigneur de Carescausse était très-restreinte, et l'ensemble de ses possessions n'était pas aussi étendu que celui du propriétaire actuel.

L'évêque seigneur de Murviel n'avait que le château, une maison, un four et un bois de quelques hectares, le tout non soumis à l'impôt.

Le bail de Caunelles nous donne une idée de la valeur de cette propriété.

Quant à Saint-Georges, le seigneur, M. de Griffy, ne possédait, au milieu du XVIIe siècle, à part le four banal non imposé, qu'un moulin à huile, quelques maisons et 74 hectares environ de mauvais devois. La plupart de ces garrigues passèrent, vers le milieu du XVIIIe siècle, à une famille de bourgeois (la famille Saintpierre) qui en défricha une partie, et la propriété du seigneur se développa dans la plaine. Encore celui-ci n'est-il pas le plus fort propriétaire, car dans le budget de 1778 il ne paie que 410 livres d'impositions, tandis que B. Saintpierre y est inscrit pour 440 et son fils pour 412. En 1790, ce dernier en payait 941, et le seigneur 454, en compte rond.

Voici d'ailleurs l'estimation des droits féodaux, dîmes, etc., faite par la municipalité de Saint-Georges en 1790 :

Mme Bonafous, veuve de Mirman. — Maison avec four banal ; la banalité est estimée 150 livres.

Censives et droit de lod, 169 liv. 9 d., sur lesquels objets elle paie une albergue au roi de 100 livres ; soit 69 liv. 9 d.

Le bénéfice du Chapitre est affermé à 4,700 livres, et les charges sont évaluées à 1700 livres. Le produit net est de 3,000 livres.

Mme de Foresta, abbesse du Vignogoul. — Les censives sont d'un revenu fixe de 17 sétiers, une quarte, une et demie orge ; 17 sétiers, un tiers de douzaine et cinq de sezaine moins trois huitièmes d'une coupe blé mitaden ; un sétier, neuf douzaines et deux tiers de douzaine (touzelle) ; quatre poulets, une galine, demi-livre cire, vingt petites fougassettes, et une livre 16 sols tournois : tous lesquels objets réduits en argent, savoir : l'orge à raison de 5 livres le sétier ; le blé mitaden à raison de 8 livres ; le blé touzelle à raison de 10 livres ; les poulets à raison de 15 sols pièce ; la poule à raison de 24 sols ; la cire à raison de 40 sols la livre, et les fougassettes à un denier pièce, montent la somme de 248 livres 14 sols.

Les droits de lod sont estimés d'un revenu annuel de 22 livres.

Le petit fief de M. Œuf est évalué, censives et droit de lod, à 24 livres 2 sols 6 deniers ;

Celui du Commandeur de Montpellier, à 2 quartes blé et 3 sols en argent, et le droit de lod à 40 sols.

Le droit de censive de l'Évêque était de 2 livres 5 sols.

Cette estimation, faite à une époque où tout renchérit, devrait diminuer de plus de la moitié pour le XVIIe et une bonne partie du XVIIIe siècle.

A la fin du XVIe siècle, la propriété était même plus morcelée que de nos jours. Un simple coup d'œil jeté sur les compoix des communes voisines nous amène à la même conclusion.

Si, en effet, nous examinons les compoix du XVIe et du XVIIe siècles, et que nous les comparions à celui du cadastre, nous trouvons dans les premiers près de 1,500 parcelles, y compris les maisons, avec 138 et 161 propriétaires ; tandis que le cadastre porte 1870 parcelles, 192 propriétaires et 568 habitants. La proportion est à peu près la même, et cependant ce dernier compoix renferme de plus que les autres 300 hectares environ de terrains autrefois communaux. — A Murviel il y avait, en 1605, 1412 parcelles et 122 propriétaires, et à l'époque du cadastre, en 1826, 415 propriétaires et 2,302 parcelles pour une population de 520 habitants. Le nombre de propriétaires est encore le même.

Non-seulement la propriété était autrefois plus morcelée, mais elle était encore mieux répartie que de nos jours. Deux exemples seulement : ainsi la plaine fertile du côté Sud-Est du village, appelée les Condamines, partagée aujourd'hui en 20 parcelles et 13 propriétaires y compris les maisons, et dont un seul possède près de 5 hectares, comptait autrefois 48 parcelles et 34 propriétaires, et la part la plus grande ne dépassait pas 70 ares. Mon enclos et les bâtisses attenantes appartenaient à près de 20 propriétaires. Je pourrais citer d'autres exemples du morcellement indéfini à St-Georges et à Murviel. Le pauvre propriétaire avait sa part des meilleures terres et son lopin pour jardinage, ainsi qu'une maison.

De nos jours, le nombre des possesseurs de terre dépasse 320 ; mais la plupart ne possèdent que très-peu, et l'ensemble de la propriété est entre les mains de quelques privilégiés.

Les tableaux suivants des 415 hectares cultivés, aussi exacts que possible, confirment les deux faits que nous venons d'exposer.

TABLEAU I.

Terres cultivées d'un seul tenant.

	Compoix de 1593.		1878.	
De 7 à 8 hectares.	0	propriétaire.	2	propriétaires.
De 5 à 7 —	1	—	4	—
De 4 à 5 —	0	—	3	—
De 3 à 4 —	3	—	5	—
De 2 à 3 —	5	—	11	—
De 1 à 2 —	63	—	68 ?	—

TABLEAU II.

Terrain cultivé.

	Compoix de 1593.		1878.	
De 20 à 22 hectares.	0	propriétaire.	3	propriétaires.
De 14 à 20 —	2	—	3	—
De 10 à 14 —	6	—	5	—
De 5 à 10 —	18	—	15	—
De 1 à 5 —	62	—	75 ?	—
Au-dessous de 1 hect.	46	—	160 ?	—

Ce qui est à remarquer dans le premier tableau, c'est le petit nombre de terres au-dessus de 3 hectares (4 seulement) pour l'ancien compoix, tandis qu'il y en a 14 de nos jours. Quant aux lopins de 1 à 10 ares très-nombreux autrefois, ils sont rares aujourd'hui.

Le second tableau nous montre la propriété plus

équitablement répartie, puisque sur 415 hectares, il n'y a pas de propriétaire qui arrive à 20, et que ceux de 14 à 19 sont peu nombreux. La moitié de ce terrain était occupé par environ 24 propriétaires, et aujourd'hui par 15 ou 16. Si nous considérons l'ensemble du territoire y compris les communaux, nous arrivons à la même conclusion que c'est le petit nombre qui est maître de la majeure partie du sol ; car sur les 894 hectares de propriétés la moitié est entre les mains de 20 personnes environ, tandis que ce nombre serait deux fois plus fort pour 1593.

De nos jours donc le riche propriétaire est parvenu, souvent après de longs efforts, à arrondir sa propriété dans le sol le plus fertile ; le morcellement n'a pas porté, comme autrefois, sur les bonnes terres, mais sur les communaux, les devois, les terrains incultes. Ainsi sur les limites et dans l'intérieur du terrain cultivé, il y avait environ 20 hectares de devez et de garigues divisées en 8 parcelles ; elles en forment aujourd'hui plus de 20. Il en est de même pour certaines garrigues situées au Nord.

A Murviel cependant les meilleures terres, quoique très-morcelées, étaient en majeure partie entre les mains de quelques familles nobles, entre autres, MM. Biard et L. de Magny, coseigneur de Murviel. Mais leur part principale consistait surtout en bois et devez. Voici, sans compter la portion de St-Georges, comment y était répartie la propriété en 1605 : il y avait un propriétaire de 69 hectares, — 1 de 40, — 2 de 30 à 40, — 3 de 20 à 30, — 3 de 15 à 20, —

4 de 10 à 15, — 22 de 5 à 10, — 45 de 1 à 5, et 40 au-dessous de 1. Aujourd'hui il y en a un de 118, — un de 105, — un de plus de 50, — un de 48 et un de 37. Il ne faut pas arriver à 25 pour former la moitié du territoire.

Si nous examinions les compoix des communes voisines, nous trouverions les proportions à peu près les mêmes, sinon plus favorables à notre affirmation ; et, pour Juvignac, il ne faudrait pas arriver au chiffre de 8 propriétaires pour constituer la moitié du territoire de cette commune (1082 hectares).

Sans doute les anciens usages tendaient à concentrer la propriété entre les mains de l'aîné ; mais les puînés et les femmes n'étaient pas exclus de la succession ; témoin les nombreuses terres, les maisons même, surtout à Murviel, partagées en deux, trois et six parcelles, selon le nombre des enfants. Le paysan tenait peut-être plus qu'aujourd'hui à attacher son nom au sol, à s'identifier avec lui.

Il existe encore dans ces deux communes un assez grand nombre de descendants en ligne masculine et féminine des anciennes familles. Les uns ont perdu une partie de leur propriété, les autres l'ont conservée ou agrandie. Beaucoup de petites parcelles se sont même conservées intactes jusqu'à nos jours.

D'ailleurs, il est une loi supérieure aux usages de l'homme qui porte celui qui possède à posséder davantage, et celui qui n'a rien à acquérir. Ensuite l'inconduite, l'incapacité ou les malheurs aidant, il faut nécessairement que certaines propriétés se morcellent et que d'autres s'agrandissent. Dans les moments de crise, le capitaliste noble ou bourgeois, l'ouvrier même trouve le moyen d'acquérir à peu de frais. Il ne faut donc pas s'étonner si, au milieu du XVIIIe siècle, certains possèdent d'immenses propriétés ; ils ont profité de l'avilissement des prix. Que de familles pauvres ne voyons-nous pas autrefois, comme aujourd'hui, grâce aux circonstances favorables, devenir par leur travail propriétaires, et même riches propriétaires !

Généralement, le propriétaire faisait valoir lui-même ses terres. Il n'y avait guère que les riches forains qui eussent des fermiers. De nos jours, le fermage a presque disparu.

Si des siècles passés nous nous reportons à notre époque, quelle transformation ! Les défrichements ne sont plus superficiels, mais profonds, les engrais abondants ; presque plus de haies qui envahissent les champs, une végétation luxuriante ; des maisons qui respirent l'aisance. Les routes ne sont plus de petits sentiers souvent impraticables, elles sont agrandies, améliorées, les moyens de transports nombreux et variés. Il y a 70 ans à peine, on ne voyait qu'une voiture, et encore bien médiocre ; il n'est pas aujourd'hui de propriétaire tant soit peu aisé qui n'en ait une ou deux. L'hôtel-de-ville et l'école ne sont plus une espèce de bergerie humide où l'on s'expose à prendre des fluxions ou à être écrasé par la chute des toits. C'est une transformation complète ; mais elle ne date guère que du milieu de ce siècle.

Le cadastre nous montre la transition de l'ancien état de choses au nouveau, et cependant on se plaint encore de la misère en 1830.

La comparaison de ce cadastre avec les anciens compoix nous servira de résumé. La voici :

SAINT-GEORGES.

	Distribution cadastrale.			Compoix de 1593.	
Terres labourables........	64 h.	59,01		250 h.	
Vignes....................	550	02,87		103	74,40
Olivettes.................	43	31,94		50	
Pâtures...................	179	98,34	devez	156	31,20
Jardins...................	0	90,88		2	70,70
Hermes....................	47	47,44		14	
Châtaigneraies............	1	55,60		0	14,00
Prés......................	0	24,50		0	71,70
Bois taillis..............	3	43,80		1	70,20
Mares, réservoirs, lacs.....	0	07,78		0	
Aires.....................	0	18,80		0	70,00
Propriétés bâties..........	2	86,67		1	77,00
	894 h.	67,63		581 h.	89,20
Chemins, ruisseaux, église.	36	24,79		32	24,79
	930 h.	92,42		614 h.	13,99
Patus communaux, environ.....				316	78,43
				930 h.	92,42

MURVIEL.

	1826.			1605.	
Terres labourables........	96 h.	27,65		300 h.	
Vignes....................	372	27,20		37	75,00
Olivettes.................	27	03,90		22	85,00
Pâtures...................	137	04,93	devez	170	
Jardins...................	0	88,95		2	82,00
Hermes....................	141	72,35		54	
Châtaigneraies............	1	96,20		0	
A reporter......	777 h.	21,68		587 h.	42,00

Report......	777 h.	21,68	587 h.	42,00
Prés....................	1	81,40	1	50,00
Bois taillis................	196	14,61	105	50,00
Aires, sols................	0	38,47	0	97,50
Propriétés bâties..........	1	77,72	1	
	977 h.	33,88	696 h.	39,50
Chemins, ruisseaux.......	32	20,36	32	
	1009 h.	54,24	728 h.	39,50
Patus communaux, environ.....			281	14,74
			1009 h.	54,24

Le second compoix de Saint-Georges porte 18 hectares de devez de plus que le premier.

Nous mettons quelquefois des chiffres ronds pour les anciens compoix, parce qu'il est impossible d'obtenir une exactitude rigoureuse, les terres étant souvent indiquées comme de nature différente, sans préciser l'étendue de chaque parcelle.

On s'étonnera aussi de trouver sur le cadastre plus de bois qu'autrefois. La raison en est : pour Murviel, que beaucoup de terrains désignés en 1605 comme devez ou patus, ainsi que certaines vignes, sont aujourd'hui des bois, et pour Saint-Georges, il y avait naguère, dans les terres de Carescausses, un bois classé autrefois comme vigne, champ et herme.

On trouve aussi un assez grand nombre de terres, à Murviel surtout, désignées sous le nom de *paran*, c'est-à-dire entourées de murs; nous les avons classées parmi les champs, d'autres parmi les jardins, selon leur position.

Quant aux chemins, nous avons mis, pour Saint-Georges, un chiffre inférieur assez fort, quoique approximatif, parce qu'ils se sont beaucoup développés de nos jours; tandis qu'à Murviel la différence a été peu sensible avant le cadastre.

XII. La situation actuelle.

Les céréales ont disparu, le jardinage a cédé le pas aux plantes d'agrément, l'olivier a diminué ainsi que les terres incultes, réduites aujourd'hui à 100 hectares environ, pour faire place à la vigne, qui occupe plus de 700 hectares, produisant en moyenne de 40 à 50 hectolitres à l'hectare, soit 32,000 hectolitres en chiffres ronds. On arrive à 35,000 et 42,000 hectolitres, si l'on compte le vin des terres situées dans les communes voisines. Ce calcul ne s'applique qu'aux 15 dernières années, 1860-1875, où l'on a donné une culture plus intensive.

Ce qui a fait la prospérité de St-Georges, c'est à part le développement général du commerce et la facilité d'exportation des vins, la mise en culture et en vigne des terrains communaux ; la plantation des terres de la plaine et la substitution de l'aramon aux plants du pays, relégués sur les coteaux ; enfin, le commerce des vins et l'industrie de la tonnellerie et de la commission. Cependant, il faut le dire, St-Georges et Murviel n'ont pas profité autant que les communes voisines de la richesse dont le vin a doté nos contrées. Pendant que les vignes des plaines voisines produisaient en moyenne, naturellement ou artificiellement, près de 200 hectolitres à l'hectare, nos meilleures n'en produisaient que 100 à 140 et nos coteaux de 25 à 40, et les prix de nos vins ne dépassaient guère ceux des communes de la plaine que de 30 à 40 francs pour cent les sept hectolitres. Pour Saint-Georges même la différence entre les vins des bas-fonds et ceux des coteaux était peu sensible. Et cependant nos frais de culture sont les mêmes, s'ils ne sont pas plus élevés.

Cette transformation du sol est-elle en général un

bien ? est-elle un mal ? Nous laissons à de plus habiles le soin de se prononcer. Qu'il nous suffise d'observer que dans un bon système économique on doit faire entrer pour une part assez large le terrain destiné à l'élève des bestiaux. On est un peu trop porté à accuser nos pères d'ignorance ou d'incurie, à critiquer la grande propriété comme peu productive. Autrefois les bras manquaient pour une culture largement développée. En 1790 même, on était forcé ici, pour la petite culture, d'avoir recours à des étrangers. Depuis le XVIIe siècle la population de la France a plus que doublé, et cependant nous avons été obligés pendant longtemps de faire appel à plus de cent ouvriers pour nous aider dans nos travaux. Il faut considérer, en outre, que les terres de garrigues ne se prêtent guère qu'à la culture de la vigne, et qu'après un certain nombre d'années, le produit n'en est pas rémunérateur.

Les années comprises entre 1860 et 1875 ont été sans contredit les plus prospères du siècle. La masse de numéraire introduit dans nos villages pendant cette époque y a apporté une somme extrême de bien-être. L'instruction s'y est également développée ; mais on aurait tort de se dissimuler cependant qu'il nous reste beaucoup de progrès à faire. L'accroissement général de l'aisance s'est manifesté par un goût pour les dépenses de luxe qui n'est pas sans inconvénients. Les besoins ont augmenté en proportion des ressources, et peut-être ont-ils pris un développement exagéré.

Malgré le peu de rapport de la propriété, malgré

les causes d'insalubrité, et les famines si fréquentes de leur temps, nos pères vivaient longtemps ; quelques-uns ont transmis à leurs descendants de belles propriétés ; l'ouvrier a pu devenir propriétaire. D'où vient cela ? c'est qu'on possédait un secret que la prospérité a fait perdre à beaucoup de localités, celui de la sobriété et de l'économie. Nos paysans vivaient comme vit encore le montagnard de nos Cévennes : du pain le plus souvent moitié blé, moitié seigle, lorsqu'il n'était pas tout entier de seigle, du poisson et des viandes salées, quelquefois de boucherie, des légumes, des fruits, des escargots, du fromage, telle était leur nourriture ordinaire ; le pain en était la base.

La plupart nourrissaient un cochon, et le jour où on l'égorgeait était un jour de fête ; on envoyait aux parents, aux amis, un présent composé des diverses parties de l'animal. Ces mœurs patriarchales existent encore pour les familles du peuple.

Le logement et l'ameublement étaient en rapport avec la nourriture et des plus primitifs. On cherchait avant tout l'utile. Les vêtements n'étaient pas aussi fins, aussi élégants qu'aujourd'hui, mais aussi chauds et plus solides. Que ne sacrifions-nous pas pour la vanité et pour l'agrément ?

Nous sommes donc mieux logés, mieux nourris, plus élégamment vêtus ; sommes-nous plus vigoureux que nos pères ? Un mot du langage vulgaire caractérise bien la différence : *c'est du vieux chêne*, dit-on, en parlant des rares vieillards qui dépassent 80 ans. Il y avait même autrefois plus de franche gaîté, plus d'expansion que de nos jours. La vie se passait au grand air, ou au sein de la famille. Pour délassement de leurs travaux on avait les jeux de mail, de boules, de la balle et du ballon, qui assouplissent, fortifient les membres, entretiennent la santé. Le premier surtout était très en honneur dans nos pays; et lorsque les Princes, fils du Dauphin, passèrent à Montpellier en 1701, l'Évêque les reçut à Lavérune, où on les invita à jouer au mail dans le parc.

Il est vrai qu'il y avait autrefois un cabaret où l'on jouait quelquefois ; mais on voit souvent le cabaretier mis à l'amende pour laisser jouer aux jeux de hasard, ou ne pas fermer son établissement à l'heure fixée (de 9 heures à 10)

De nos jours la vie de famille n'existe pas. A part les plaisirs de la ville, nous sommes dotés, pour une population deux fois plus forte, de trois cafés et deux cercles, tous très-fréquentés, où l'on passe souvent une partie de la journée et de la nuit dans une atmosphère viciée. On ne se contente pas d'un peu de vin blanc ; les consommations sont nombreuses et variées. La fureur du jeu a pris même dans certains villages voisins des proportions effrayantes : il n'est pas rare de voir des ouvriers perdre, le samedi et le dimanche, le gain de la semaine. Dans le budget d'une famille doit figurer la dépense du tabac, du café, égalant quelquefois celle de la nourriture. Aussi quand les jours de calamité arrivent, que de misères ! Nous nous plaignons avec raison de l'insalubrité des demeures de nos pères sans nous apercevoir que, pour nos plaisirs, nous nous créons mille causes d'insalubrité plus graves, sans compter les causes morales, les passions diverses résultant de notre transformation sociale, lesquelles influent puissamment sur la santé des habitants des campagnes. Voilà pourquoi, malgré l'élévation de la durée de la vie moyenne, nous ne trouvons plus de cas nombreux d'extrême longévité.

Une observation avant de finir ; elle nous servira d'ailleurs de conclusion : c'est que le travail est une condition indispensable de la vie. Ce n'est qu'à ce prix que la terre nous livre ses trésors. Mais ce n'est là que la plus faible partie de notre tâche ; la plus difficile est de conserver le fruit de nos labeurs. La vie de nos ancêtres a été une lutte iucessante contre la nature et l'état social où ils étaient placés ; ils nous ont laissé une terre moins rebelle qu'ils ne l'ont trouvée et des conditions sociales plus favorables au bien être matériel ; ce ne sera donc qu'à leur exemple, par l'économie, la sobriété, la régularité de la conduite que le cultivateur et l'ouvrier pourront triompher de l'adversité comme de la prospérité.

---

www.ingramcontent.com/pod-product-compliance
Lightning Source LLC
LaVergne TN
LVHW020045170826
845678LV00001B/446

* 9 7 8 2 3 2 9 6 8 7 2 6 1 *